YUNNAN SHENG SHENGCHAN ZHONG DE NONGZUOWU

YOUYI DIFANG PINZHONG

云南省
生产中的农作物
优异地方品种

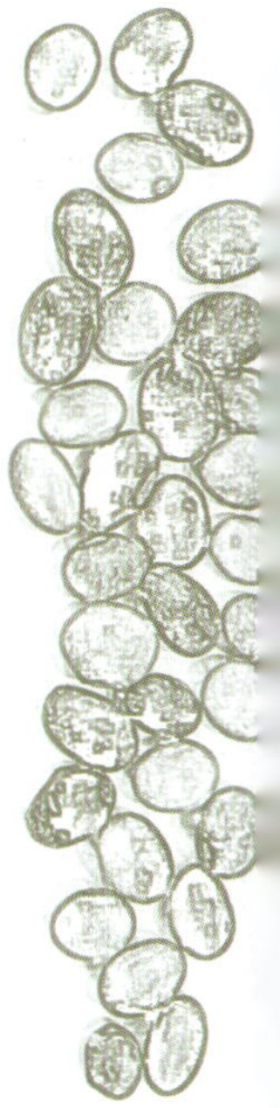

主编 杨雅云 周国雁 张斐斐

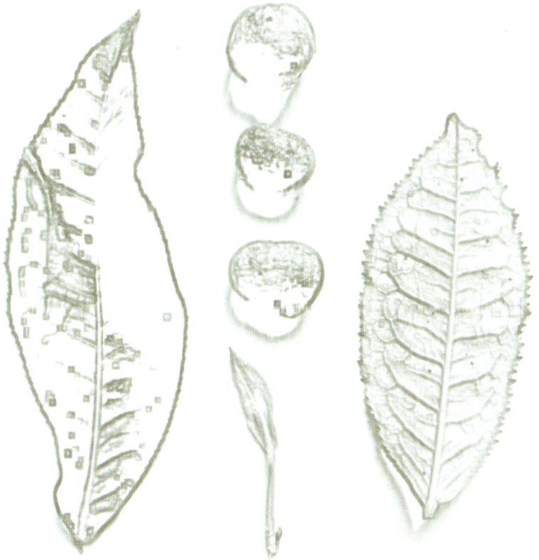

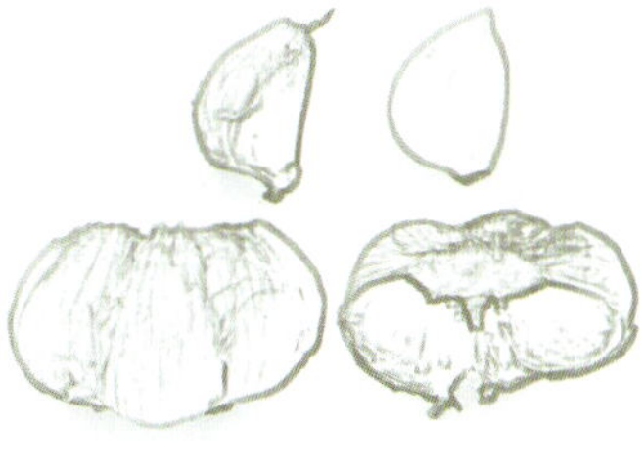

云南科技出版社
·昆明·

图书在版编目（CIP）数据

云南省生产中的农作物优异地方品种 / 杨雅云，周国雁，张斐斐主编. -- 昆明 ： 云南科技出版社，2025. 1. -- ISBN 978-7-5587-6176-8

Ⅰ. S329.274

中国国家版本馆 CIP 数据核字第 2025RM8299 号

云南省生产中的农作物优异地方品种

YUNNAN SHENG SHENGCHAN ZHONG DE NONGZUOWU YOUYI DIFANG PINZHONG

杨雅云　周国雁　张斐斐　主编

出 版 人：温　翔
策　　划：胡凤丽
责任编辑：杨　雪　唐　慧　张羽佳　王首斌
整体设计：长策文化
责任校对：秦永红
责任印制：蒋丽芬

书　　号：ISBN 978-7-5587-6176-8
印　　刷：昆明亮彩印务有限公司
开　　本：889mm × 1194mm　1/16
印　　张：21
字　　数：500 千字
版　　次：2025 年 1 月第 1 版
印　　次：2025 年 1 月第 1 次印刷
定　　价：168.00 元

出版发行：云南科技出版社
地　　址：昆明市环城西路 609 号
电　　话：0871-64190886

主　编

杨雅云　周国雁　张斐斐

副主编

屈云慧　徐象国　丁　铭　赵杰平

参编人员

汤翠凤　李全衡　蔡　青　董　超　张秀祥　陈　丹　李盛钢　陶　祥

阿新祥　伍少云　李坤明　木万福　陆　鑫　卢丽丽　杨正松　刘启敏

彭武佳　胡正川　和荣秋　陈　明　刘琼菊　鲁绍武　赵建萍　张胜博

张红清　王忠华　严正恒　胡明荣　毛　钧　李朝英　徐道楠　王子瑶

孙玉林　张文平　韦永梅　张艳萍　常丽美　陈红玲　曾保存　秦加树

张永辉　元正海　罗映兵　华银宏　高建宇　陈显富　苟志能　李秀芝

周阿文　王文菊　马进礼　杨植秀　杨　钢　杨星华　刀学平　何　劲

杨　昊　金艳寿　王学军　周桂荣　胡校章　张正禹　李正和　施贵明

李开丽　刘莲枝　刘金娥　杨兴文　徐超华　普晓英　刘培忠　杨昌玺

鲁金华　施泽海　杨慧仙　周新孝　白世芬　赵培方　段绍玲　张荣磊

廖承飞　此主拉姆　黄　洁　杨春云　李复琴

顾　问

戴陆园

PREFACE

前言

地处我国西南边陲的云南省，与缅甸、老挝、越南接壤，边境线长达4060km；地理生态环境复杂多样，拥有南至海南岛、北至黑龙江漠河的全部气候生态类型；具有世居少数民族25个，少数民族人口占比近34%，民族传统文化丰富多彩。通过第三次全国农作物种质资源普查与调查发现，云南省是我国目前仍在生产上种植农作物地方品种数量最多的一个省。

在农作物新品种选育技术发展日新月异、育成的新品种如雨后春笋、新品种推广力度和效能空前的今天，仍在生产中应用的地方品种，该有怎样的优异特性、凝结着怎样的农民情结和智慧啊！为此，我们依托云南省实施的第三次全国农作物种质资源普查与调查，结合以往的研究结果，在云南省种子种业实验室项目和云南省第三次全国种质资源普查与收集项目的资助下，编著《云南省生产中的农作物优异地方品种》，以揭示这些农作物地方品种承载着的民族传统知识与经验，拥有的优良特性，甚至是地方品种的民族传统知识与优良特性相互关系等，也为探明生产中地方品种的变化规律、种质资源的田间种植保护及其发展方向等，提供可资借鉴参考的数据资料。

《云南省生产中的农作物优异地方品种》由三章组成，分别是第一章“云南省农作物地方品种资源发展变化”，第二章“云南省地方品种保存和利用现状”，第三章“生产中的优异地方品种”。第一章和第二章由杨雅云主笔编写，第三章由周国雁、张斐斐主笔编写；其他编写人员提供了大量的资料和图片，并参与部分资料的汇总和编写；全书由杨雅云统稿。戴陆园对本书的编写结构与写作规范等提出了许多建设性意见，在此致以真诚的谢意！

本书物种分类名称以拉丁文为准，同时因采集地不同，为与当地农民习惯称呼一致，书中物种中文名不作统一。地方品种所承载的传统故事或传说，因多种原因，本书记载的十分有限；希望本书能够起到抛砖引玉的作用，相信通过更加深入细致的挖掘，将来一定会有更多的地方品种故事或信息与读者见面。

本书对于了解云南省生产上仍在利用的作物种质资源，以及保护利用发展的概况等具有积极的意义。可作为农业科技工作者、种质资源管理者的工具书和参考书，也可作为农业院校师生的重要教学参考书。

由于作物种质资源涉及面广，种类繁多，研究利用深度不一，加之编者水平有限，不足之处在所难免，敬请读者批评指正。

编者

2024 年 5 月

CONTENTS

目录

第一章

云南省农作物地方品种资源发展变化

一、云南省第三次全国农作物种质资源普查与收集行动概况

农作物种质资源是农业科技原始创新与现代种业发展的物质基础，普查收集种质资源是打好种业“翻身仗”的首要任务。保护和利用好这些宝贵的作物资源，既是对历史和文化的尊重，也是对生物多样性和可持续发展的贡献。在中国的西南边陲，镶嵌着一块神秘而富饶的土地——云南。这片土地以其独特的地理环境和气候条件，孕育出了丰富多彩的地方作物资源，犹如大自然的调色板，为我国农业发展注入了无限活力。云南省被誉为“植物王国”，是亚洲栽培稻、荞麦、茶、甘蔗等多种作物的起源地和多样性中心，也是我国水稻、大麦、小麦、玉米、大豆、蚕豆、菜豆、芝麻、油菜、烟草、茶等作物遗传资源的主要分布区。然而，面对全球气候变化和现代农业的冲击，云南省的地方作物资源也面临着各种挑战。一些传统作物品种因种植效益低、市场需求小等原因，逐渐被边缘化，甚至面临消失的风险。

为了保护和传承这些独特的作物资源，我国及云南各级政府和科研机构已经采取了一系列措施。一方面，通过建立种质库，保存和研究各种作物的基因资源；另一方面，推动农产品的深加工和品牌建设，提高其经济价值，激发农民种植的积极性。同时，借助科技力量，改良传统作物，使其既能适应现代市场的需要，又能保持其独特的品种。2021—2023年，农业农村部开展了第三次全国农作物种质资源普查与收集行动，实现对全国2323个农业县（市、区）的全覆盖。按照农业农村部统一部署，云南省农业农村厅和云南省农业科学院共同组建领导机构，于2020年4月启动云南省第三次全国农作物种质资源普查与收集行动。通过对云南省116个县（市、区）农作物资源普查及系统调查，收集到8416份农作物种质资源。按照作物种类划分，粮食作物4644份，蔬菜1660份，经济作物946份，果树1003份，牧草绿肥163份，占总份数的比例依次为55.2%、19.7%、11.2%、11.9%和2.0%。粮食作物中资源数量较多的是豆类、稻、玉米等，蔬菜作物中资源数量较多的是瓜、青菜、辣椒等，经济作物中资源数量较多的是茶树、甘蔗、花生等，果树作物中资源数量较多的有梨、李和桃等。遴选26份优异种质资源并向国家项目办推荐，“维西糯山药”和“维西攀天阁老黑谷”两份资源分别获得2021年和2022年全国“十大优异农作物种质资源”称号。在云南省少数民族地区，仍有大量地方品种被当地民众种植。据调查，种植原因多为其所具有的抗逆性和优异品质符合当地特定的生态环境和当地民族的生活习俗。调查队员在农业生物资源调查过程中，依据当地民众对该份资源的认知（如种植历史、种植面积、栽培管理的主要措施），该资源的优异性状（如产量、抗病虫性、耐贫瘠性、抗旱性、耐冷性、熟期、品质、口感等），以及种植原因等相关信息，对所收集资源进行初步分析和分类，并结合当前生产和未来育种目标的需求，特别是优异资源被企业开发与利用，以及服务乡村振兴的情况。2023年7月11日，云南省第三次全国农作物种质资源普查与收集行动顺利通过农业农村部专家组验收。这次普查行动的开展，摸清了云南省农作物种质资源家底，丰富和保护了我国农作物种质资源的数量和多样性，为提升现代种业创新能力、发展地方特色产业、助力乡村振兴奠定了坚实的种质基础。

二、调查征集收集种质资源的分类及新颖性

云南省第三次全国农作物种质资源普查与收集行动（简称“第三次普查”），本次行动共收集古老、珍稀、特有、名优的作物地方品种和野生近缘植物种质资源8416份。这些资源隶属67科198属410种，多样性极为丰富。其中以下8科的种质资源数量占比超过82.4%。①豆科作物资源是最丰富的，数量2286份，约占收集资源总量的27.2%，涉及菜豆属、大豆属、豇豆属等11个属，包括普通菜豆、饭豆、豌豆等17种作物。②禾本科作物资源数量2186份，约占收集资源总量的26.0%，涉及稻属、玉米属、小麦属等13个属，包括亚洲栽培稻、栽培玉米、小麦等15种作物。③蔷薇科作物资源数量671份，约占收集资源总量的8.0%，涉及李属、苹果属、梨属等16个属，包括中国李、花红、沙梨等38种作物。④葫芦科作物数量453份，约占收集资源总量的5.2%，涉及南瓜、黄瓜、葫芦等10个属，包括南瓜、黄瓜、苦瓜等14种作物。⑤十字花科作物资源数量399份，约占收集资源总量的4.6%，涉及芸薹属、萝卜属、麻菜属等9个属，包括油菜、萝卜、芥末等20种作物。⑥茄科作物资源数量378份，约占收集资源总量的4.5%，涉及辣椒属、茄属、番茄属等8个属，包括辣椒、番茄、烟草等10种作物。⑦山茶科作物资源数量311份，约占收集资源总量的3.7%，涉及1个山茶属，包括茶、山茶、油茶3种作物。⑧蓼科作物数量254份，约占收集资源总量的3.0%，涉及荞麦属、戟叶酸模属、酸模属3个属，包括荞麦、金荞麦等4种作物。其他多样性较为丰富的作物资源还有百合科、伞形花科、苋科、薯蓣科、菊科、柿科等294个种1475份。

根据云南省资源在国家库圃的数据统计得知，云南省资源在国家库圃的资源共涉及28科67属95种，而本次普查收集到新的44科185属340种资源，尤其是收集牧草绿肥资源163份，涉及18科67属126种，以往没有组织收集过这类资源，因此收集的163份牧草绿肥资源的新颖性是较为突出的（表1.1）。收集的资源中，地方品种7651份，约占总数的90.9%，野生资源697份，约占总数的8.3%，地方品种和野生资源合计数约占资源总数的99.2%。地方品种在长期种植过程中因当地人工选择压力产生变异的可能性很大，当今的地方品种与以前的该品种比较可能存在较多的变异；野生资源往往是以居群存在的，是自然变异的群体。因此，从性状或基因的层面考虑，地方品种和野生资源的新颖性是突出的。总之，云南省所收集的这批种质资源具有突出的新颖性特点。

表1.1 目前云南省收集与保存资源与国家库云南资源相比新增的科属种

科	属	种
车前科	车前属	车前草
唇形科	薄荷属、地笋属、罗勒属、水苏属、紫苏属、荆芥属	薄荷、留兰香、地笋、罗勒、甘露子、紫苏、荆芥
灯芯草科	灯芯草属	灯芯草
冬青科	冬青属	高贵云南冬青
杜鹃花科	越橘属	樟叶越橘、长刺大黄

续表1.1

科	属	种
杜英科	杜英属	杜英
番荔枝科	番荔枝属	番荔枝
番木瓜科	番木瓜属	番木瓜
胡桃科	核桃属	核桃、铁核桃、野核桃
胡颓子科	胡颓子属	胡颓子、葫芦、牛奶子
姜科	姜属	姜
桔梗科	党参属、红果参属	臭药、红果参
壳斗科	栗属	板栗、锥栗
蓼科	戟叶酸模属、荞麦属	戟叶酸模、苦荞麦、金荞麦
列当科	小米草属	小米草
买麻藤科	买麻藤属	买麻藤
猕猴桃科	猕猴桃属	粉果猕猴桃、葛枣猕猴桃、京梨猕猴桃、阔叶猕猴桃、美味猕猴桃、栓叶猕猴桃、硬齿猕猴桃、中华猕猴桃、中越猕猴桃
木通科	木通属	多叶木通、三叶木通
木樨科	女贞属	小叶冬青
葡萄科	葡萄属	葛藟葡萄、桦叶葡萄、毛葡萄、绵毛葡萄、葡萄、小叶葡萄、蘡薁、蘡薁葡萄
忍冬科	荚蒾属	球花荚蒾
三白草科	蕺菜属	鱼腥草（蕺菜）
莎草科	莎草属	香附子、砖子苗、云雾薹草、珍珠草
山柑科	山柑属	马槟榔
山茱萸科	四照花属	尖叶四照花、头状四照花
石榴科	石榴属	石榴
石竹科	繁缕属	大叶繁缕、繁缕、繁穗苋、反枝苋
水东哥科	水东哥属	鼻涕果、水东哥、水苦麦
檀香科	檀梨属	檀梨
天南星科	芋属	芋
五味子科	五味子属	五味子
西番莲科	西番莲属	西番莲
玄参科	婆婆纳属	婆婆纳
旋花科	番薯属	蕹菜

续表1.1

科	属	种
亚麻科	亚麻属	亚麻
杨梅科	杨梅属	矮杨梅、八月瓜、毛杨梅、杨梅、野杨梅
越橘科	越橘属	乌饭树
樟科	樟属	茶果樟
紫草科	琉璃草属	琉璃草
禾本科	白茅属、棒头草属、臂形草属、淡竹叶属、地毯草属、黑麦草属、虎尾草属、画眉草属、菅属、荩草属、孔颖草属、狼尾草属、类芦属、马唐属、芒属、膜稃草属、拟金茅属、披碱草属、求米草属、雀稗属、雀麦属、水蔗草属、筒轴茅属、蜈蚣草属、细柄草属、香茅属、羊茅属、野古草属、莠竹属、早熟禾属、稗属、狗尾草属、鸭茅属、䅟属、胡枝子属、黄茅属、碱茅属、甘蔗属、燕麦属、稻属、鼠尾粟属	白茅、棒头草、臂形草、淡竹叶、类地毯草、多年生黑麦草、虎尾草、黑穗画眉草、画眉草、鲫鱼草、知风草、苞子草、苞子菅、黄背草、荩草、孔颖草、红象草、皇竹草、黄背、象草、长序狼尾草、类芦、藜、白草、大杠草、马唐草、马蹄香、山白草、紫马唐、五节芒、弊草、拟金茅、柯孟披碱草、披碱草、竹叶草、毛花雀稗、石林雀稗、双穗雀稗、圆果雀稗、扁穗雀麦、水蔗草、水田稗、筒轴茅、蜈蚣草、细柄草、硬秆子草、橘草、芸香草、云南羊茅、穗序野古草、西南野古草、蔓生莠竹、早熟禾、稗草（稗）、草籽（狗尾草）、雀麦、非洲狗尾草、狗尾巴草、鸭茅、牛筋草、截叶铁扫帚、金色狗尾草、黄茅、碱茅、马唐、甜根子草、野燕麦、疣粒野生稻、鼠尾粟、皱叶狗尾草、棕叶狗尾草
百合科	百合属、葱属	百合、大葱、大蒜、分葱、藠头、薤白、洋葱
豆科	百脉根属、草木樨属、车轴草属、豆薯属、胡枝子属、黄耆属、苦参属、罗望子属、米口袋属、木蓝属、苜蓿属、银合欢属、猪屎豆属、野豌豆属、落花生属、巢菜属	百脉根、草木樨、白车轴草、豆薯、金花菜、截叶铁扫帚、紫云英、白刺花、罗望子、云南米口袋、木蓝、苜蓿、天蓝苜蓿、甜菜、银合欢、猪屎豆、光叶紫花苕、海田绿肥、花生、箭舌豌豆、龙潭绿肥、绿肥子、马豆、马料豆、毛荚苜蓿、苕子、野豌豆、窄叶野豌豆、山野豌豆
蔷薇科	扁核木属、稠李属、木瓜属、枇杷属、蔷薇属、山楂属、石楠属、桃属、小石积属、杏属、悬钩子属、栒子属、移依属、樱桃属、梨属、苹果属、草莓属、李属	扁核木、粗梗稠李 、藏木瓜、毛叶木瓜、皱皮木瓜、栎叶枇杷、麻栗坡枇杷、枇杷、腾越枇杷、刺梨、蔷薇、野山楂、云南山楂、石楠、光核桃、华西小石积、梅、杏、高粱泡、红毛悬钩子、栽秧泡、西南栒子、移栎、云南移栎、微毛樱桃、中国樱桃、川梨、川芎、豆梨、湖北海棠、花红、黄毛草莓、丽江山荆子、砂梨、山定子、山荆子、西府海棠、西洋梨、中国李
十字花科	菥蓂属、荠属、麻菜属、碎米荠属、野萝卜属、芸薹属、萝卜属	菥蓂、根用芥菜、荠菜、芝麻菜、碎米荠、野萝卜、油菜、白菜、不结球白菜、花椰菜、结球白菜、结球甘蓝、芥蓝、芥末、茎用芥菜、绿花籽（萝卜）、青菜、球茎甘蓝、叶用芥菜、油用萝卜
芭蕉科	地涌金莲属、芭蕉属	地涌金莲、芭蕉
葫芦科	佛手瓜属、葫芦属、辣椒瓜属、南瓜属、栝楼属、丝瓜属	佛手瓜、瓠瓜、辣椒瓜、美洲南瓜、蛇瓜、丝瓜
芸香科	柑橘属、花椒属	大翼橙、枸橼、宽皮柑橘、柠檬、甜橙、宜昌橙、柚、花椒

续表1.1

科	属	种
菊科	蒿属、苣荬菜属、苦苣菜属、苦荬菜属、泥胡菜属、牛蒡属、千里光属、鼠麴草属、甜叶菊属、茼蒿属、莴苣属、菜蓟属、鬼针草属、菊苣属、向日葵属	蒿草、蒌蒿、苣荬菜、苦苣菜、山苦荬、泥胡菜、牛蒡、千里光、千穗谷、千针苋、匙叶合冠鼠麴草、鼠曲草、甜叶菊、茼蒿、翅果菊、茎用莴苣、莴苣、叶用莴苣、朝鲜蓟、鬼针草、菊苣、菊芋
胡麻科	胡麻属	胡麻
伞形科	茴香属、芹属、芫荽属	茴香、芹菜、芫荽
大戟科	叶下珠属、木薯属、木奶果属	余甘子、木薯、木奶果
锦葵科	锦葵属、锦葵属、芸薹属、锦葵属、秋葵属、木槿属	蜀葵、圆叶锦葵、青麻叶、野葵、咖啡黄葵、玫瑰茄
桑科	木菠萝属、无花果属、榕属、梧桐属	木菠萝、地果、无花果、薜荔
鼠李科	枳椇属、枣属	枳椇、毛叶枣
美人蕉科	美人蕉属	芭蕉芋
蝶形花科	山蚂蝗（磺）属	蔬果山蚂蝗（磺）
苋科	藜属、苋属、香椿属	条菜（藜）、茴香、绿穗苋、苋菜、香椿、籽粒苋
柿科	柿属	君迁子、毛柿
藜科	菠菜属、甜菜属、藜属	菠菜、叶甜菜、藜麦
落葵科	落葵属	落葵
山茶科	山茶属	山茶、油茶
茄科	树番茄属、枸杞属、酸浆属、茄属	树番茄、云南枸杞、酸浆、戟叶酸模、龙葵、野生茄子
薯蓣科	薯蓣属	山药
睡莲科	莲属	莲
漆树科	南酸枣属	南酸枣

三、调查征集收集到的五大类作物种质资源类型及分类

本次行动收集的农作物种质资源8416份，按照作物种类划分，粮食作物4644份，经济作物946份，蔬菜1660份，果树1003份，牧草绿肥163份，占总份数的比例依次约为55.18%、11.24%、19.72%、11.92%和1.94%（图1.1）。粮食作物中，资源数量较多的是豆类、稻、玉米等；经济作物中，资源数量较多的是茶树、甘蔗、花生等；蔬菜作物中，资源数量较多的是瓜、青菜、辣椒等；果树作物中，资源数量较多的有梨、李和桃等。

按种质类型区分，地方品种资源最多，共7514份，约占收集样品总数的89.28%；其次是野生资源，共800份，约占收集样品总数的9.51%；剩下选育品种74份和引进品种28份（图1.1）。按资源类

型区分，粮食作物共4644份，约占收集样品总数的55.18%，经济作物946份，约占总数的11.24%，蔬菜共1660份，约占总数的19.72%；果树共1003份，约占总数的11.92%；牧草绿肥163份，约占总数的1.94%（图1.1）。本次普查与调查行动，收集到的8416份样品隶属于78个科，243个属，387个种，在78个科中，豆科、禾本科、蔷薇科，葫芦科资源样品份数高于其余科，分别约占样品总数的27.13%、25.71%、7.97%和5.41%。样品数量最多的豆科作物中，有28个属，38个种，其中，样品数量最多的是菜豆属的普通菜豆种。在禾本科作物中，玉蜀黍属和稻属的样品数量最多，分别约占禾本科作物总数的34.70%和31.83%。

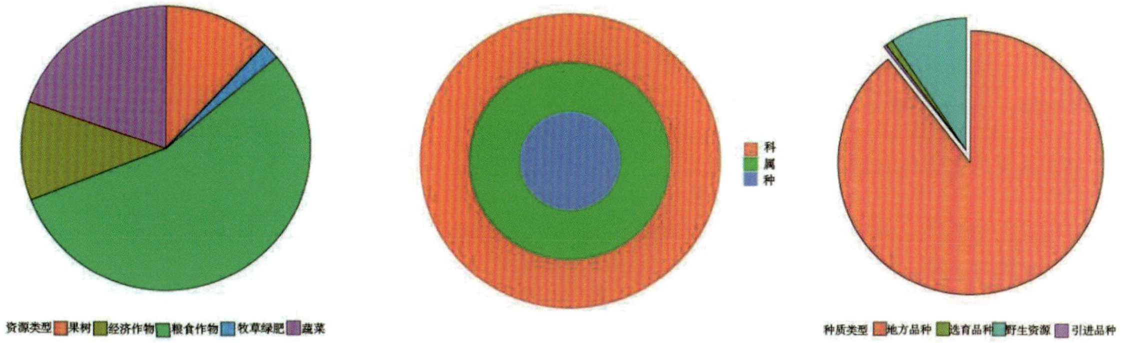

图1.1　收集样品种质资源类型及分类

四、云南省农作物种质资源变化趋势

1955—1957年间，国家对云南省作物遗传资源进行考察、收集的同时，云南省也开展了许多研究工作。1955—1957年间共征集作物遗传资源7000余份，但由于没有相应的保存设施，导致全部种子丧失发芽能力而没能保存下来。20世纪七八十年代，国家组织了国内相关技术力量，开展了云南省稻作、麦类、果树等资源考察，收集到稻种资源5128份、玉米资源899份、麦类1173份、蔬菜2198份，这四类作物资源合计9398份。2006年以后，实施了科技部科技基础性工作专项“云南及周边地区农业生物资源调查”和云南省科技创新强省计划“云南农业生物资源调查与共享平台建设”，新收集到各类种质资源6350份。2020年启动实施云南省第三次全国农作物种质资源普查与收集行动，基本掌握了云南省生产中农作物种质资源变化情况。

（一）云南省地方品种资源种植面积及数量变化

通过对云南省116个县（市、区）1956年、1981年与2014年共3个年份的作物资源种植情况普查信息汇总，对粮食作物与非粮食作物的种植面积、种植的地方品种和育成品种的个数进行比较分析后发现，粮食作物的种植面积在1956年、1981年和2014年是呈稳步增长的趋势，非粮食作物的种植面积也呈现增加的趋势，但在1981年和2014年是呈急剧增长态势（表1.2）。从3个年份种植面积增加幅度看，粮食作物种植面积的增加幅度均较非粮食作物的小，特别是1981年和2014年，非粮食作物的种植面积增加数量和幅度都很大，这在一定程度上反映了我国农业生产多元化、人们对食物需求多样性发展趋势。3个不同年份种植的作物的品种数量（含地方品种及育成品种）为1956年7621份、1981

年13153份、2014年23155份，品种数量增加趋势明显；其中，地方品种数量则依次为1956年7082份、1981年的9043份、2014年的8890份，3个年份间出现先增加后减少的趋势；育成品种的数量则为1956年539份、1981年4110份、2014年14265份，育成品种数量大幅度增加；导致地方品种数量占总品种数的比例大幅度下降，比如，粮食作物地方品种占比从1956年的93.7%降低至38.4%，非粮食作物地方品种占比从91.5%降低至38.37%（表1.3）。

表1.2　云南省不同类型作物种植面积变化（万亩）

作物类型	1956年	1981年	2014年
粮食作物	3686.81	4179.30	4957.98
非粮食作物	1081.88	1506.64	5337.64

注：根据调查获得的数据统计获得

表1.3　云南省不同类型作物种质资源种植品种数量变化（份）

作物类型		1956年（占比百分数）	1981年（占比百分数）	2014年（占比百分数）
粮食作物	地方品种	4602（93.7%）	5812（67.8%）	4678（38.4%）
	育成品种	308	2765	7500
	合计	4910	8577	12178
非粮食作物	地方品种	2480（91.5%）	3231（70.6%）	4212（38.37%）
	育成品种	231	1345	6765
	合计	2711	4576	10977

注：根据调查获得的数据统计获得

（二）不同作物类型间地方品种资源种植面积及数量变化趋势

1. 粮食作物变化趋势

通过对1956年、1981年和2014年116个县（市、区）普查表中主要粮食作物分析后发现，3个年份的主要粮食作物种植面积较大的都是大春作物水稻、玉米和小麦，且随着时间的推移，玉米的种植面积稳步增长，2014年全省种植面积为2159.99万亩（亩为非法定单位，1亩≈666.67m^2，全书特此说明），成为种植面积最大的主粮作物，而水稻、小麦的面积反而有所下降，2014年的种植面积分别为870.96万亩和441.19万亩，小春作物荞麦种植面积从1956年76.96万亩、1981年67.11万亩到2014年48.32万亩，呈递减趋势；在表1.4、表1.5所列的7种粮食作物中，所有作物在3个年份间出现先增加后减少，并且减少的幅度大于增加幅度的趋势；而豆类的地方品种数量都在增加，尤其是由1981年的885份增加到2014年的3127份（表1.4，表1.5）。

大部分粮食作物地方品种数在1956年、1981年和2014年总体呈急剧下降趋势，这与主要作物育成品种数量显著增加形成鲜明对比。进一步对各主要粮食作物地方品种的种植面积占比变化分析，结果显示，在1956年、1981年和2014年主要作物地方品种种植面积占比总体呈急剧下降趋势，尤其是水稻、小麦和玉米这三大主要粮食作物地方品种种植面积占比下降最显著，荞麦地方品种占比这3年间变化变幅最小，1956年占比91.33%，1981年89.36%，2014年81.55%（表1.5，表1.6）。

表1.4 云南省调查的主要粮食作物种植面积变化（万亩）

粮食作物	1956年	1981年	2014年
水稻（大春作物）	1163.07	1152.86	870.96
玉米（大春作物）	1242.84	1425.80	2159.99
小麦（大春作物）	422.28	624.04	441.19
豆类（大春作物）	404.86	358.97	427.96
荞麦（小春作物）	76.96	61.77	48.32
马铃薯（大、小春作物）	143.27	221.08	647.05
大麦（小春作物）	56.95	35.21	221.01

注：根据调查获得的数据统计获得

表1.5 云南省调查的主要粮食作物地方品种和育成品种数量变化（份）

粮食作物		1956年	1981年	2014年
水稻	地方品种	2065	2623	561
	育成品种	115	1283	2331
玉米	地方品种	889	1053	413
	育成品种	57	507	3758
小麦	地方品种	318	492	95
	育成品种	96	697	412
豆类	地方品种	722	885	3127
	育成品种	17	110	390
荞麦	地方品种	103	128	88
	育成品种	0	1	6
马铃薯	地方品种	165	237	140
	育成品种	5	105	301
大麦	地方品种	78	81	48
	育成品种	4	11	184

注：根据调查获得的数据统计获得

表1.6　云南省调查的主要粮食作物地方品种种植面积占比变化（%）

粮食作物	1956年	1981年	2014年
水稻	73.16	32.55	10.90
玉米	79.19	53.49	3.59
小麦	65.94	36.76	8.44
豆类	92.97	85.32	49.82
荞麦	91.33	89.36	81.55
马铃薯	82.91	62.57	10.81
大麦	98.77	78.55	11.57

注：根据调查获得的数据统计获得

2. 经济作物变化趋势

通过对主要经济作物3个年份的比较分析后发现，茶、甘蔗、花生和油菜等云南主要经济作物2014年的种植面积普遍比1981年和1956年的种植面积大，尤其是茶、甘蔗和油菜2014年的种植面积与1981年和1956年相比都是急剧增长。茶和甘蔗2014年的种植面积分别约是其1956年的种植面积的9.8倍和26.88倍（表1.7）。各主要经济作物1956年、1981年和2014年地方品种的数量总体呈下降趋势，尤其以甘蔗和油菜的数量下降最显著，其1956年和2014年的地方品种数分别是84份，169份和45份，65份。而育成品种数量则是普遍持续稳定增长，尤其以茶和油菜的数量增长最快（表1.8）。进一步对地方品种的种植面积占比变化分析显示，主要经济作物地方品种种植面积占比在1956年、1981年和2014年总体呈显著下降趋势，尤其以甘蔗和油菜的占比下降最显著（表1.9）。值得注意的是，茶的地方品种的数量稳中有增，这与其他经济作物不同，也与茶为多年生作物、云南省古茶园多等实际相吻合。

表1.7　云南省主要经济作物种植面积变化（万亩）

经济作物	1956年	1981年	2014年
茶	51.55	119.64	506.33
甘蔗	16.84	74.68	452.59
花生	21.10	25.15	60.18
油菜	147.05	108.37	361.83
向日葵	1.47	0.81	2.27

注：根据调查获得的数据统计获得

表1.8 云南省主要经济作物地方品种和育成品种数量变化（份）

经济作物		1956年	1981年	2014年
茶	地方品种	77	120	129
	育成品种	8	45	245
甘蔗	地方品种	84	101	45
	育成品种	21	242	260
花生	地方品种	82	94	74
	育成品种	10	61	70
油菜	地方品种	169	159	65
	育成品种	18	201	319
向日葵	地方品种	15	20	18
	育成品种	0	0	6

注：根据调查获得的数据统计获得

表1.9 云南省主要经济作物地方品种种植面积占比变化（%）

经济作物	1956年	1981年	2014年
茶	97.66	86.47	63.04
甘蔗	80.01	19.22	1.69
花生	65.75	54.13	50.45
油菜	94.47	62.13	8.27
向日葵	100.00	97.45	88.46

注：根据调查获得的数据统计获得

3. 蔬菜作物变化趋势

通过对1956年、1981年和2014年116个县（市、区）普查表不同蔬菜作物分析后发现（表1.10），调查的3个年份不同蔬菜作物种植面积普遍呈增长趋势，尤其以叶用芥菜和辣椒的种植面积增长最快。各调查蔬菜作物地方品种数在1956年、1981年和2014年总体变化不大，但育成品种数量则呈显著增长趋势，尤其以叶用芥菜和辣椒的数量变化最大（表1.11）。1956年的叶用芥菜的地方品种数和育成品种数分别是162份（占比约83.5%）和32份，1981年的叶用芥菜地方品种数和育成品种数分别是153份

（占比约68.3%）和71份，地方品种占比约为31.7%，而2014年的叶用芥菜的地方品种数和育成品种数分别是162份（占比18.7%）和704份。1956年的辣椒的地方品种数和育成品种数分别是91份（占比约97.8%）和2份，1981年的辣椒的地方品种数和育成品种数分别是131份（占比约92.9%）和10份，而2014年的辣椒的地方品种数和育成品种数分别是120份（占比约24.5%）和369份。芋和山药育成品种则较少。进一步对地方品种的种植面积占比变化分析显示，除芋种植面积减少幅度较小外，其余调查的蔬菜地方品种种植面积占比在1956年、1981年和2014年总体呈显著的下降趋势（表1.11，表1.12）。

表1.10　云南省调查的不同地方品种蔬菜种植面积变化（万亩）

蔬菜作物	1956年	1981年	2014年
南瓜	6.01	10.99	16.14
叶用芥菜	3.69	7.67	54.52
辣椒	4.26	10.37	176.38
黄瓜	3.18	6.21	8.81
芋	1.32	1.62	23.06
山药	1.83	1.67	8.63

注：根据调查获得的数据统计获得

表1.11　云南省调查的不同蔬菜类型地方品种和育成品种数量变化（份）

蔬菜作物		1956年	1981年	2014年
南瓜	地方品种	44	60	55
	育成品种	0	1	101
叶用芥菜	地方品种	162	153	162
	育成品种	32	71	704
辣椒	地方品种	91	131	120
	育成品种	2	10	369
黄瓜	地方品种	21	31	42
	育成品种	0	11	109
芋	地方品种	27	34	40
	育成品种	0	1	5
山药	地方品种	24	24	29
	育成品种	0	0	6

注：根据调查获得的数据统计获得

表1.12 云南省调查的不同蔬菜类型地方品种种植面积占比变化（%）

蔬菜作物	1956年	1981年	2014年
南瓜	99.75	96.68	30.65
叶用芥菜	88.57	87.72	43.22
辣椒	90.85	86.74	48.39
黄瓜	100.00	95.22	34.71
芋	100.00	90.28	97.61
山药	100.00	92.86	65.12

注：根据调查获得的数据统计获得

4. 果树作物变化趋势

通过对不同果树作物3个年份的比较分析后发现，云南省不同果树作物的种植面积在1956年、1981年和2014年间普遍增长，1956年和1981年间种植面积缓慢增长，而1981年和2014年种植面积则迅猛增长，尤其以柑橘种植面积增长速度最快，其在1956年和1981年的种植面积分别是1.21万亩和3.94万亩，而2014年种植面积猛增至46.28万亩（表1.13）。各主要果树作物1956年、1981年、2014年3个年份地方品种的数量总体变化不大，而育成品种数量则是普遍持续稳定增长，尤其以梨、桃、苹果及柑橘的数量增长最快，其中1956年和2014年的育成品种数分别是19份，7份，8份，1份和184份，196份，108份，135份，形成鲜明对比（表1.14）。进一步对地方品种的种植面积占比变化分析显示，除李的地方品种种植面积占比略微下降外，其余主要果树地方品种种植面积占比在1956年、1981年和2014年总体呈显著下降趋势（表1.15）。

表1.13 云南省不同果树作物种植面积变化（万亩）

果树作物	1956年	1981年	2014年
梨	6.31	12.26	55.68
李	2.17	2.70	18.19
桃	3.03	8.20	37.71
柿	0.40	0.89	3.87
苹果	0.63	7.31	36.47
柑橘	1.21	3.94	46.28

注：根据调查获得的数据统计获得

表1.14 云南省不同果树地方品种和育成品种数量变化（份）

果树作物		1956年	1981年	2014年
梨	地方品种	263	265	205
	育成品种	19	113	184
李	地方品种	82	103	110
	育成品种	0	15	67
桃	地方品种	112	144	117
	育成品种	7	44	196
柿	地方品种	31	46	49
	育成品种	0	2	32
苹果	地方品种	14	54	27
	育成品种	8	82	108
柑橘	地方品种	32	64	65
	育成品种	1	40	135
香蕉	地方品种	9	19	17
	育成品种	1	15	40

注：根据调查获得的数据统计获得

表1.15 云南省不同果树地方品种种植面积占比变化（%）

果树作物	1956年	1981年	2014年
梨	81.27	75.80	31.48
李	96.41	88.52	73.34
桃	105.08	67.48	14.84
柿	99.50	99.77	37.38
苹果	84.99	53.25	6.18
柑橘	98.92	93.49	8.31

注：根据调查获得的数据统计获得

5. 牧草绿肥变化趋势

通过对主要的几种牧草绿肥作物3个年份的比较分析发现，除野豌豆外，其余4种牧草绿肥作物的种植面积在1956年和1981年间都急剧增加，尤其以牧草和绿肥的种植面积增加最为显著，它们在1956年和1981年的种植面积分别是4.14万亩、48.39万亩和0.15万亩、20.19万亩。在1981年和2014年间，除绿肥的种植面积持续增加外，其余4种牧草绿肥作物的种植面积则都是减少的（表1.16）。牧草在1956年、1981年和2014年3个年份地方品种的数量在3个年度间有所变化，分别为4份、28份和26份，而其育成品种数量在1981年和2014年间则是增长较为迅猛，2014年牧草育成品种数量达到25个，其地方品种种植面积占比在3个年份间的变化呈连续降低的趋势。绿肥地方品种的数量在3个年度间有所变化，分别为4份、28份和26份，而其育成品种数量在1981年和2014年间则是增长较为迅猛。地方品种种植面积占比在3个年份有波动，但占比平均高于70%。而虎尾草、野豌豆、野古草等3种牧草绿肥作物则基本都是地方品种，且品种数量都较少，地方品种种植面积占比基本都是100%（表1.17，表1.18）。

表1.16 云南省调查的主要牧草绿肥种植面积变化（万亩）

牧草绿肥	1956年	1981年	2014年
牧草	4.14	48.39	22.31
绿肥	0.15	20.19	54.41
虎尾草	9.45	18.91	18.88
野豌豆	3.41	3.54	1.24
野古草	44.46	55.3	44.73

注：根据调查获得的数据统计获得

表1.17 云南省调查的主要牧草绿肥地方品种和育成品种数量变化（份）

牧草绿肥		1956年	1981年	2014年
牧草	地方品种	20	31	26
	育成品种	0	2	25
绿肥	地方品种	4	28	20
	育成品种	0	4	0
虎尾草	地方品种	1	1	1
	育成品种	0	0	0
野豌豆	地方品种	1	1	1
	育成品种	0	0	1
野古草	地方品种	3	4	4
	育成品种	0	0	0

注：根据调查获得的数据统计获得

表1.18　云南省调查的主要牧草绿肥地方品种种植面积占比变化（%）

牧草绿肥	1956年	1981年	2014年
牧草	100	95.91	20.62
绿肥	100	70.08	95.44
虎尾草	100	100	100
野豌豆	100	100	95.94
野古草	100.00	100	100

注：根据调查获得的数据统计获得

综上，调查分析了3个年份（1956年、1981年和2014年）的五大类（粮食、经济、蔬菜、果树、牧草绿肥）农作物种质资源发展变化情况。粮食作物或是非粮食作物，其总栽培面积都是增加的。粮食作物面积由1956年的3686余万亩增加到2014年的4957余万亩，但不同种类粮食作物的种植面积变化呈现差异。1956年、1981年、2014年3个年份的稻作面积依次为1163余万亩、1152余万亩、870余万亩，减少十分明显；而同时期玉米的面积则分别为1242余万亩、1425余万亩和2159余万亩，扩大十分显著；马铃薯和大麦的面积是明显增加的，但豆类的面积基本持平。这3个年份的非粮食作物面积依次为1081余万亩、1506余万亩、5337余万亩，非粮食作物增加的面积和幅度都比粮食作物的更大；17种非粮食作物（包括蔬菜6种、果树6种、经济作物5种）的种植面积都是明显增加的，无一例外。这反映了云南省种植业结构调整的实际。3个年份的作物品种数量依次为7621份、13153份、23155份，其中，地方品种数量分别为7082份、9043份、8890份，地方品种数占总品种数量比例约为92.9%、68.8%、38.4%，地方品种数占比下降明显。地方品种种植面积占总面积的比例下降更为显著，如主要粮食作物的稻（3个年份地方品种面积占比依次约为73.2%、32.6%、10.9%，下同）、玉米（79.2%、53.5%、3.6%）、小麦（65.9%、36.8%、8.4%），蔬菜作物的叶用芥菜（88.6%、87.7%、43.2%）、辣椒（90.9%、86.7%、48.4%），果树作物的梨（81.3%、75.8%、31.5%）、柑橘（98.9%、93.5%、8.3%），经济作物的甘蔗（80.0%、19.2%、1.7%）、油菜（94.5%、62.1%、8.3%），下降的幅度因作物呈现一定的差异；但荞麦、芋、向日葵等小宗作物，生产中的育成品种较少，仍以地方品种为主。究其原因，一是育成品种的产量高、推广速度快，二是法律法规不允许推广未经审定的主要农作物品种。此次调查分析的农作物种质资源的发展和现状结果，为进一步调整和优化云南省农业产业结构提供了重要的信息和依据。

第二章

云南省地方品种保存和利用现状

一、云南省农作物种质资源保存

云南省生物种质资源数量和种类优势突出，野生种质资源极为丰富。云南省农作物种质资源保存库以种子形式保存了2.9万份种质资源，主要为粮食作物、豆类、油料和蔬菜作物（表2.1）。云南省建立了以珍稀植物野生稻、大叶茶树、温带果树（含砧木）、甘蔗、热带作物等一批国家种质资源圃，仅收集保育的粮经作物、花卉、果树、蔬菜、药用植物等种质资源就达1.6万余份，保存量、保存种类均居全国前列。云南建有世界第二、全国最大的西南野生生物种质资源库，已经保存的种质资源总数达6450种6.7万余份（株）。截至2023年底，在国家种质库中，云南地方品种资源大概有2.3万份，占国家库农作物资源的4.6%。实施了为期3年的云南第三次全国农作物种质资源普查与调查行动，共收集各类农作物种质资源8416份，约是任务指标6200份的1.4倍，云南省的地方资源丰富和发展了国家种质库圃保存的种质资源。

经过多年努力，云南省已基本形成以国家和省级库圃为规范化资源保存机构，原生境保护点为辅、各科研院校和企业为补充的种质资源保护体系。自1992年以来，云南省选育并通过国家审定品种48个；云南省省级审定主要农作物品种2155个；云南省育种者申请并通过国家登记的非主要农作物品种涵盖13类作物553个品种。全省主要农作物良种商品化率达到70%以上，中药材、甘蔗、茶叶、咖啡等优势特色作物品种繁育水平在全国名列前茅，绿色优良品种更新换代步伐加快。

但相比较而言，大量的种质资源还保存在育种家手里，如位于云南省农业科学院生物技术与种质资源研究所的云南省省级农作物种质资源保存库保存的水稻种质资源为1.1万份，云南省几个水陆稻育种课题组保存的超过2.6万份，当中也有不少具备保存、进一步研究利用的价值，如云南省农业科学院粮食作物研究所陆稻野生稻团队培育的几千份稻属AA基因组野生近缘种渗入系，带有大量亚洲栽培稻没有的有利基因。普通小麦保存于云南省省级农作物种质资源保存库的有1595份，但几个育种单位保存约5.1万份。普通大麦保存于云南省省级农作物种质资源保存库的有1546份，保存于几个育种单位的有7750份（表2.1，表2.2）。

表2.1　云南省农作物种质资源保存清单（种子类）

类别	物种（中文名）	起源地	份数	保存地	保存方式
谷物	亚洲栽培稻	亚洲、中国	11555	云南省省级农作物种质资源保存库	种子
谷物	玉米	美洲、墨西哥	3539	云南省省级农作物种质资源保存库	种子
谷物	小麦	小亚细亚	1595	云南省省级农作物种质资源保存库	种子
谷物	普通小麦	西亚	1147	云南省省级农作物种质资源保存库	种子
谷物	大麦	西亚、中国	1546	云南省省级农作物种质资源保存库	种子
谷物	荞麦	中国	609	云南省省级农作物种质资源保存库	种子
谷物	燕麦	中国、澳大利亚	55	云南省省级农作物种质资源保存库	种子
谷物	黑麦	中国	2	云南省省级农作物种质资源保存库	种子

续表2.1

类别	物种（中文名）	起源地	份数	保存地	保存方式
谷物	高粱	非洲、中国	476	云南省省级农作物种质资源保存库	种子
谷物	谷子	中国	62	云南省省级农作物种质资源保存库	种子
谷物	黍稷	中国	2	云南省省级农作物种质资源保存库	种子
谷物	薏苡	中国	75	云南省省级农作物种质资源保存库	种子
谷物	龙爪稷	中国	49	云南省省级农作物种质资源保存库	种子
谷物	稗	中国	5	云南省省级农作物种质资源保存库	种子
谷物	籽粒苋	墨西哥、中美洲	327	云南省省级农作物种质资源保存库	种子
谷物	藜麦	南美洲	209	云南省省级农作物种质资源保存库	种子
豆类	大豆	中国	929	云南省省级农作物种质资源保存库	种子
豆类	食用豆类	中国、澳大利亚	893	云南省省级农作物种质资源保存库	种子
麻类	亚麻	地中海沿岸	218	云南省省级农作物种质资源保存库	种子
油料	油菜	中国、地中海地区	355	云南省省级农作物种质资源保存库	种子
油料	红花	地中海东岸	5047	云南省省级农作物种质资源保存库	种子
油料	蓖麻、花生	非洲、埃塞俄比亚	781	云南省省级农作物种质资源保存库	种子
蔬菜	蔬菜	中国	350	云南省省级农作物种质资源保存库	种子
合计			29826		

表2.2　保存在部分育种单位的水稻、普通小麦、普通大麦资源份数

保存单位	物种	份数
中国科学院西双版纳热带植物园	亚洲栽培稻	2412
云南省农业科学院生物技术与种质资源研究所	亚洲栽培稻	5000
云南省农业科学院生物技术与种质资源研究所	非洲栽培稻	180
云南省农业科学院生物技术与种质资源研究所	稻属野生稻	213
云南农业大学	亚洲栽培稻	10000
文山州农业科学院	亚洲栽培稻	5000
红河州农业科学院	亚洲栽培稻	400
大理州农业科学院	亚洲栽培稻	100
保山市农业科学院	亚洲栽培稻	1840
曲靖市农业科学院	亚洲栽培稻	200
楚雄州农业科学院	亚洲栽培稻	1000

续表2.2

保存单位	物种	份数
稻类合计		26345
云南省农业科学院粮食作物研究所	普通小麦	24500
云南农业大学农学院	普通小麦	20000
曲靖市农业科学院	普通小麦	2200
保山市农业科学研究所	普通小麦	2000
文山州农业科学院	普通小麦	500
玉溪市农业科学院	普通小麦	400
临沧市农业科学研究所	普通小麦	1000
德宏州农业科学研究所	普通小麦	500
普通小麦合计		51100
云南省农业科学院粮食作物研究所	普通大麦	3000
曲靖市农业科学院	普通大麦	500
保山市农业科学研究所	普通大麦	2000
文山州农业科学院	普通大麦	120
大理州农业科学推广研究院	普通大麦	1500
临沧市农业科学研究所	普通大麦	200
德宏州农业科学研究所	普通大麦	30
云南农业大学农学院	普通大麦	400
普通大麦合计		7750

二、云南省五大类作物资源的产业现状

云南省的主要农作物包括了粮食作物、经济作物、蔬菜作物、果树作物、绿肥作物等五大类。云南省农作物资源的产业现状呈现出积极的发展态势，特别是在特色农业和高原特色农业方面取得了显著成就，在农业经济发展方面保持了平稳增长，特别是在粮食生产、特色产业等方面均取得了积极成果，就《云南省统计年鉴》2022年的数据看，粮食播种面积最大，蔬菜播种面积第二，曲靖市的油料和蔬菜播种面积是16个州（市）之首，甘蔗品种在临沧市和普洱市的播种面积最大。云南省在农业科技方面取得了显著进步，主要农作物水稻、玉米、小麦、茶叶等良种覆盖率达到了96%，农业科技进步贡献率达到了60%以上。这些成就不仅提高了农业生产效率，也为农业生产提供了强有力的科技支撑。

（一）云南省粮食作物产业发展现状

云南省的粮谷类主要包括：大米、玉米、小麦、荞麦、青稞、土豆、胡豆、豌豆、红薯等。由于云南省的地理环境复杂，民族众多，居住在不同环境下的各民族栽培和种植不同的粮谷类，主食也随之变化。但是，随着社会的发展和经济的繁荣，各民族的融合不断深入，云南大部分区域都以大米作为主食，还有部分地区会选择其他的粮谷类作为主食。2023年，云南省粮食播种面积6316.5万亩，排全国第12位，年产量1958万t，排全国第14位。粮食播种面积超过100万亩的县（市、区）有宣威市、镇雄县、会泽县、广南县、腾冲市、澜沧拉祜族自治县、砚山县、沾益区、丘北县、隆阳区，其中，脱贫县占了90%。粳稻、小麦、大豆、马铃薯、玉米以自主选育为主，其中，玉米制种规模居全国第三、西南第一。以2021年为例，据国家统计局数据显示，云南省粮食种植面积与产量结构均表现为“玉米>稻谷>薯类>豆类>小麦”。云南省玉米、稻谷种植面积分别为2819.06万亩、1130.75万亩，在全省粮食总种植面积中的比重分别高达44.84%、17.99%，产量分别为992.6万t、491.9万t，在全省粮食总产量中的比重分别高达51.42%、25.48%——与薯类、豆类、小麦等其他粮食作物相比，单产优势明显（图2.1）。

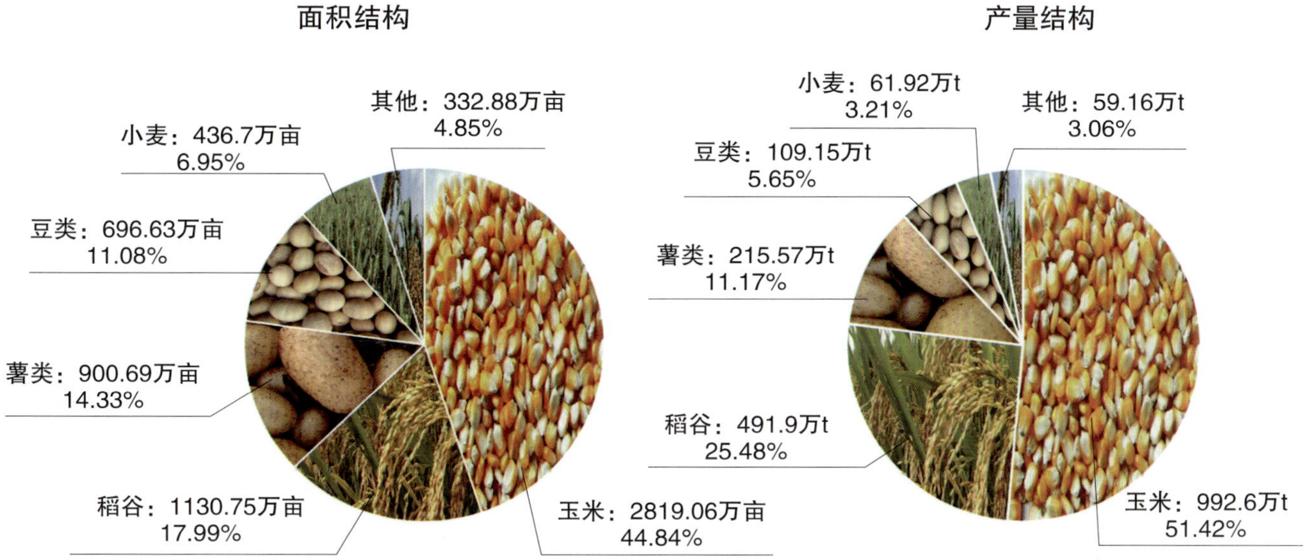

图2.1　2021年云南省粮食作物种植面积及产量结构

（引自农小蜂，数据来源：国家统计局）

1.水稻产业

云南以其丰富的稻作文化而闻名于世，它不但拥有悠久的稻作种植传统，更是“稻作王国”“稻作文化的故乡”，拥有着悠久的稻作文化底蕴。此外，这里还拥有众多珍贵的野生稻自然资源，如普通野生稻、疣粒野生稻以及药用野生稻。国家种质资源库保存的稻谷种质资源84935份，其中云南省6100份，居全国第2位，仅次于广西。丰富的种质资源，使云南省成为全国稻谷品种选育的最佳地区。

水稻是云南的主要粮食作物，稻米是云南各族人民的主要口粮，全省85%以上的人口以稻米为主食，因此，水稻生产是云南省粮食生产的重中之重。云南水稻种植区域分布范围广，气候生态多样，全省16个州（市）的125个农业县（市、区）均有种植，面积多则40多万亩，少则几千亩。水稻最低种植海拔76m（河口县），最高种植海拔2670m（宁蒗县永宁乡）。滇中及北部是云南省一季中稻区，也是优质粳稻的优势产区；南部及低热河谷区以籼稻为主。海拔1000m以下，光热资源丰富，是双季稻种植区，随着水利条件的改善，通过单改双，每年双季稻种植面积为50万～80万亩；海拔1100～1450m地区，两季不足，一季有余，是再生稻种植区，每年再生稻种植面积30万亩左右。云南省的水稻种植主要分为籼稻和粳稻两种，这两种稻米的品种主要由省内科研机构和高校自主选育，其中“楚粳”“云粳”“凤稻”“丽粳”和“靖粳”等系列的粳稻种植面积最大，占到了云南省中海拔稻区总面积的80%以上。杂粳稻品种包括“云两优”“保粳杂”“锦两优”，而常规籼稻品种则由省内科研机构和大学自主选育，如“文稻”“德优”“红优”等。在优质软米品种选育方面，云南省处于全国前列且全部为常规籼稻，主要为云南省特有的“云恢290”“滇屯502”等“软米”品种。而杂交籼稻90%的品种（组合）均源于四川省、湖南省、福建省等省，而本土培育的杂交籼稻不到10%。云南省作为两系不育系的重要繁育地，90%的籼稻两系不育系种子均在云南省进行繁殖（陈赟娟等，2024）。

据国家统计局云南省调查总队统计数据显示：2023年，云南省粮食作物总播种面积6364.83万亩，比上年约增长0.8%。粮食综合单产310.14kg/亩，略增约0.05%。粮食总产量1974万t，约增长0.8%。2024年，全省夏粮总产量264.07万t，比2023年增产2.80万t，约增长1.07%，夏粮喜获丰收，为全年粮食增产实现了良好开局。全省夏粮种植面积990.87千hm^2（1486.30万亩），比2023年同期增加7.19千hm^2（10.78万亩），约增长0.73%。2014年3月14日，云南省农业农村厅召开新闻发布会，广南八宝米、墨江紫米、卧龙谷香软米、勐海香米、遮放贡米、元阳梯田红米获“云南六大名米”称号。云南六大名米，基本涵盖了云南特殊土壤、气候和水质等高原生态条件，经过长期的选择而形成的具有地方特色的传统籼型软米、香米、紫米、红米等高原特色名米产品（吴叔康等，2014）。

2. 小麦产业

小麦是中国的主要粮食作物之一，2021年，全国小麦播种面积约2357万hm^2（约占全国粮食总播种面积的20.03%），总产量13694.5万t（约占全国粮食总产量的20.05%，约占世界小麦总产量的17.77%），因此，小麦产业的发展关乎国计民生。小麦是山区、半山区农民口粮和饲料粮的重要补充，也是发展食品加工业的重要原料，对减少冬春干旱季节土地撂荒、保障山区农户粮食供给、增加收入、维护边疆稳定和促进乡村振兴等都具有重要作用。云南小麦属于中国西南冬麦区，是该区域小春季节的第一大粮食作物。在云南省，小麦产业覆盖全省15个州（市）的114个县（市、区），其中凤庆县（1.22万hm^2）、丘北县（1.14万hm^2）、砚山县（1.00万hm^2）和弥勒市（1.00万hm^2）等县（市）种植面积较大。2022年，云南省小麦播种面积约410万亩，比2021年减少约4.65%，在15个州（市）108个县（市、区）均有种植，主要种植品种为云麦、临麦、川麦、石麦、绵麦、凤麦、靖麦、自留种等。小麦在全省的种植区域已逐步南移，例如，2010—2020年，云南省原有小麦重要产区昭通市、丽江市、保山市等区域小麦播种面积压缩严重，但楚雄州和曲靖市小麦播种面积有所上升。目前，云南省已发展形成以强筋与中强筋小麦为主的滇北晚熟麦区、以中筋小麦与中强筋小麦为主的滇中中熟麦区和以弱筋小麦与中筋小麦为主的滇南早熟麦区组成的三大优质专用小麦产区。

云南省气候类型基本属于亚热带高原季风型，立体气候特点显著，类型众多、年温差小、日温差大、干湿季节分明、气温随地势高低垂直变化异常明显，同时，受小麦品种类型多、优质专用品种少、种植分散、生长期间干旱少雨等因素的影响，自产小麦的加工品质差异大，多数达不到优质专用小麦的标准，商品率低，所以，云南省境内多数面粉（面条）加工企业的原料以外调为主，仅部分中、小型面粉加工企业是云南省自产小麦的消费主体。云南省自产小麦的消费总体构成分别为：65%~70%用作饲料，15%~20%用作面粉加工，5%~10%用于酿造业，10%用作良种生产等。云南省属于小麦需求总量不足的省份，每年从国内小麦主产区的调入量较大，然而小麦进出口贸易仍然存在但数量不多（丁明亮等，2023）。

3. 玉米产业

云南省是国际公认的糯玉米起源中心，其栽培和种植历史可以上溯至1760年；历经两个多世纪的发展，目前，云南省16个州（市）玉米产区均有糯玉米的种植分布。甜玉米于1963年被引入中国，20世纪 80年代在广东省规模化应用于大田生产，90年代中后期在云南省成功引种示范，并逐步得到推广种植与发展，迄今已广泛分布于云南省大多数山区、半山区或玉米主产区。

玉米是云南省播种面积和产量均居第一的大宗粮食作物，云南省也是我国较重要的玉米生产区域，近年来，玉米播种面积和产量分别居全国第9位和第10位，在我国长江以南均仅次于四川省，居第2位。云南省玉米生产80%以上分布在海拔较高的山区或半山区坡地。

云南省是中国乃至全球少有的同时拥有热带、亚热带、温带和寒带等多种气候类型的地区，立体气候、立体农业特征鲜明。得天独厚的多样化气候同步带来玉米种植区划与布局的多样性、立体性及层次性，即有暖热玉米带、温暖玉米带、温凉玉米带和冷凉玉米带等之分；尤其是在海拔1200m以下的滇南、滇西暖热玉米带，低热河谷区或冬玉米区，具备周年或反季种植生产鲜食玉米的光热资源条件，可为市场全天候持续供给鲜食玉米产品。目前，云南省反季鲜食冬玉米种植规模达4万hm^2以上，并呈逐年增长趋势，是全国少有的反季种植、周年生产的重要产区之一。

云南鲜食玉米产业初步发展于21世纪之初。21世纪初期，全省鲜食玉米栽培面积仅为数万公顷，并在波动起伏中缓慢增长。此后，随着鲜食型杂交玉米新品种的不断成功选育创新、外引示范，杂交种子生产供给能力的持续增强以及规模经营的日渐兴起，以甜质型为主导的鲜食玉米播种面积增长迅速，至2015年，云南省鲜食玉米种植面积突破10万hm^2，其中，甜玉米种植面积约为6.67万hm^2。2019年，种植规模进一步扩增至16.67万hm^2，跃居全国榜首，约占全国鲜食玉米总规模的11%，逼近全省玉米总播种面积的近10%，并相对集中分布于昆明市、西双版纳州、德宏州、玉溪市、楚雄州等滇南、滇中地区；其中，甜质型玉米种植面积约13.3万hm^2，约占全省鲜食玉米总面积的80%，双色甜玉米总产量约占全国市场份额的80%，成为中国重要的鲜食玉米主产区（杨曙辉等，2021）。

（二）云南省经济作物产业发展现状

云南省的经济作物种类丰富，包括茶叶、花卉和甘蔗。云南省是中国茶叶的重要产区，尤其是普洱茶。云南省的茶叶种植面积和产量均居全国第一，有着丰富的茶叶资源和独特的茶叶品种，如绿茶、红茶、普洱茶等。花卉产业是云南省的新兴产业，由于气候条件适宜，云南省已成为亚洲最大的鲜花出口基地。自主培育和引进推广了众多花卉新品种，鲜切花产量占全国总产量的比例很大。这些经济作物的种植和加工，为云南省的经济发展和农民增收作出了重要贡献。

1. 茶产业

云南省是世界公认的茶树起源中心和原产地之一，是茶树的天然基因库，在全世界已知的山茶属茶组植物47个种和3个变种中，有2/3的茶种资源是云南省所独有的，云南省是我国乃至世界古茶树园保存面积最大、古茶树保存数量最多的地区。云南省作为中国茶叶生产大省，在全国茶产业发展中占有重要地位。2023年，云南省茶园面积达803万亩，同比增长约0.9%，约占全国茶园总面积的1/6，绿色有机茶园认证面积共计264.7万亩，居全国之首。全省干毛茶产量55.7万t，较2022年增长2.3万t，同比增长约4.3%，产量居全国第一。云南省茶全产业链产值达1504.2亿元，连续4年超千亿元并稳定增长。云南省是茶马古道的重要起始地，是普洱茶的原产地、滇红茶的故乡，全省分布有老班章、冰岛、昔归、易武、景迈、南糯等100多座古树名山，有3200年的“锦绣茶祖”香竹箐。云南省是世界茶树的核心起源地，古茶树（园）规模居全国前列。2023年9月17日，云南省“普洱景迈山古茶林文化景观”申遗成功，成为全球首个茶主题世界文化遗产，中国第57项世界遗产。第三次资源普查行动，我们发现了玛玉大叶茶（超大果）、大叶本山白芽口茶、戈特茶（大叶）、紫果茶、二嘎子茶、土锅山茶、古树白茶等大叶地方和野生资源10余种，这些地方和野生资源具有珍贵的学术价值以及茶史、茶文化研究和开发与利用价值。昆明市宜良县的宝洪茶，1933年，征展参加美国农博会获“十里香茶”之称；1980年，评为云南省高香型名绿茶品质第一名；1982年，评为云南省名优茶；1985年，南京全国名茶品种评审会，评为名优优良品种，载入中国茶经《名茶绿》；2002年，中国云南思茅春茶交易会名茶评比，获中国云南金奖名茶。1993年10月，注册商标为“宝洪牌茶叶”。

目前，全省有15个州（市）110多个县（市、区）产茶，年产毛茶万t以上的县（市、区）有20个，其中，有11个县（市、区）产量达2万t以上。2022年，全省30个茶叶重点县（市、区）茶全产业链产值达1110亿元，较上年同期增长约28.3%，约占全省茶产业全产业链产值的80.4%，其中，有机茶园面积总和达147.7万亩，较上年增加59.2万亩。7个县（区）入选2022年度中国茶叶百强县，其中，勐海县、凤庆县、昌宁县、景谷县、临翔区、云县连续4年入选中国茶叶百强县（区）。“普洱茶”“滇红茶”公共品牌驰名中外，2023年度中国茶叶区域公用品牌价值评估结果显示，“普洱茶”品牌评估价值达82.21亿元，位居全国第2位，“滇红工夫茶”品牌评估价值达43.73亿元，位居全国第21位。2023年12月22日，中国普洱茶IPO第一股“澜沧古茶”正式在港交所主板上市，成为在资本市场上市的内地茶企第一股（引自云南省农业农村厅《2023年云茶产业绿色发展公报》）。

2. 甘蔗产业

蔗糖产业是云南省仅次于烟草的第二大特色农产品加工业，产业发展基础扎实、前景广阔。蔗糖产业看似小，但事关国家经济发展大局，与老百姓的实际生活息息相关。2021年，云南省甘蔗种植面积328.66万亩，产量1553.7万t，面积和产量均占全国的15%左右，是国内第二大甘蔗生产区。当前，云南省甘蔗产业发展呈现以下特点：一是产业布局优化，以生产功能区划定为契机，重点在临沧市、德宏州、保山市、红河州、文山州、普洱市、西双版纳州、玉溪市等地区划定重要农产品甘蔗生产功能产区350万亩，蔗区布局得到进一步优化。二是基础条件改善，“十三五”以来，建设糖料蔗核心基地190.7万亩，极大改善了甘蔗的生产条件。三是规模化水平提高，在甘蔗主产区基地县，对有条件的蔗田进行土地整治，50～100亩的规模化水平有所提升。云南省育成的高糖高产品种云蔗081609、强抗旱高产品种云蔗0551等云蔗系列新品种是新一代主推品种（引自《2021年云南省蔗糖产业发展报告》）。

在第三次资源普查行动中，我们发现了昔马甘蔗、董堡蔗茅、摩洒芒、坪寨滇蔗茅等野生资源，为进一步改良现有甘蔗性状，提供了丰富的资源基础。同时，还发现了西洋甘蔗、芦差冲脆皮甘蔗、草秆甘蔗、青皮台糖、脆皮甘蔗、绵皮甘蔗、水果甘蔗、昔马甘蔗等8个地方品种优异资源，用途较广，可榨蔗糖、烧酒、鲜食等，农民自发种植较多。

3. 花卉产业

云南省花卉产业发展一直领先于全国。据中国花卉协会、云南省花卉产业联合会、云南省农业农村厅、中国统计年鉴资料、国家林业和草原局数据显示，2011—2022年，云南省花卉种植面积占全国种植面积的比重为54.16%~84.6%。2020年，云南省花卉种植面积占全国种植面积的比重开始超过80%，2020—2021年，云南省花卉种植面积占全国种植面积的比重连续3年保持在80%以上，其中，2022年比重约为81.13%。云南省鲜切花种植面积居全国第一，是世界最大鲜切花产区。主要优势品类为玫瑰、康乃馨、百合、洋桔梗、非洲菊、绣球，其中，玫瑰常年占全省鲜切花总产量的50%左右，约占全国玫瑰鲜切花产量的70%；康乃馨常年占全省鲜切花总产量的30%以上，占全国康乃馨鲜切花产量的60%以上，其他花卉约占全省鲜切花总产量的20%。

云南省由于地理条件复杂，省内不同地区自然条件差异明显，形成了以滇中、滇东、滇西北为主的发展布局，组成五大花卉产业区，分别是：①以昆明、玉溪为主的滇中温带鲜切花生产区，鲜切花产量约占全省的75%。②以西双版纳为主的滇西南盆花生产区。③以曲靖、红河为代表的滇中、滇南绿化观赏苗木生产区。④以滇东北、滇西北、滇东南为代表的加工花卉生产区。⑤以滇中、滇东北、滇西北为代表的种用花卉生产区。这五大花卉产业区覆盖了云南省16个州（市），品种涵盖热带、亚热带、温带、寒带等不同气候类型的花卉种类。2022年，昆明市花卉种植面积达38.3万亩，鲜切花产量达105.01亿枝，综合产值达361.17亿元，鲜切花生产、销售连续多年保持全省、全国第一的领先地位，主要分布在宜良县、晋宁区等地。玉溪市的花卉种植面积为10.83万亩，其中，鲜切花的种植面积为5.46万亩，年产量为25.66亿枝，主要分布在通海县、江川区等地。曲靖市鲜切花产量已超10亿枝，主要分布在马龙区。另外，红河州、大理州、丽江市也是云南省花卉主要产地。云南省同时也是国内盆栽、多肉最大的生产基地之一。

2022年，云南省花卉绿色高效生产种植面积3万余亩，全省认定“绿色食品牌”花卉产业基地101个。从市场来看，我国花卉行业市场规模超过2000亿元；花拍中心交易数据显示，鲜花消费主力在华东地区。从消费者画像来看，消费者购买花卉时更注重花卉的品质和价格。从进出口情况来看，云南省花卉相关商品出口规模常年大于进口规模。“种用百合球茎”“草本花卉植物种子”的进口规模相对较大，主要进口于荷兰、日本，云南省对进口种子的依存度相对较高。“其他鲜的制花束或装饰用的插花及花蕾”“鲜的制花束或装饰用的康乃馨插花及花蕾”“鲜的制花束或装饰用的玫瑰插花及花蕾”出口规模较大，主要销往越南、泰国、日本、澳大利亚等国家和地区（引自《2023年云南省花卉产业数据分析简报》）。

（三）云南省蔬菜类资源产业现状

1.云南省蔬菜种植面积及产量

据国家统计局数据显示，2022年，云南省蔬菜种植面积位列全国第10位，产量位列全国第11位。具体来看，2022年，云南省蔬菜种植面积为1972.56万亩、产量为2857.92万t，在全国蔬菜种植面积（33651.09万亩，约合3.37亿亩）与产量（79997.22万t，约合8亿t）中所占比重分别约为5.86%、3.57%——面积比重明显大于产量比重，与河南省、山东省等头部产区相比，单产水平相对偏低。

2022年，云南省蔬菜总产量为2857.92万t，其中，白菜类以596.54万t占据全省蔬菜产量约20.87%的比重；根茎类以458.79万t居其次，在全省比重约16.05%；叶菜类以352.16万t位列全省第3位，在全省比重约12.32%——“白菜类、根茎类、叶菜类”2022年产量合计达1407.49万t，在全省比重近50%（约49.25%）（《云南统计年鉴》）。

据国家统计局、云南省统计局数据显示，2018年以来，云南省蔬菜面积、产量呈现持续正增长态势，但增速在逐渐放缓。2023年，云南省蔬菜种植面积为2008.57万亩、产量为2960.83万t，同比分别较2022年增长了36.01万亩、102.91万t，增幅分别约为1.83%、3.6%，其中，产量的增长主要来自红河、楚雄、玉溪三大产区的拉动——2023年同比增量均在10万t以上（图2.2）。

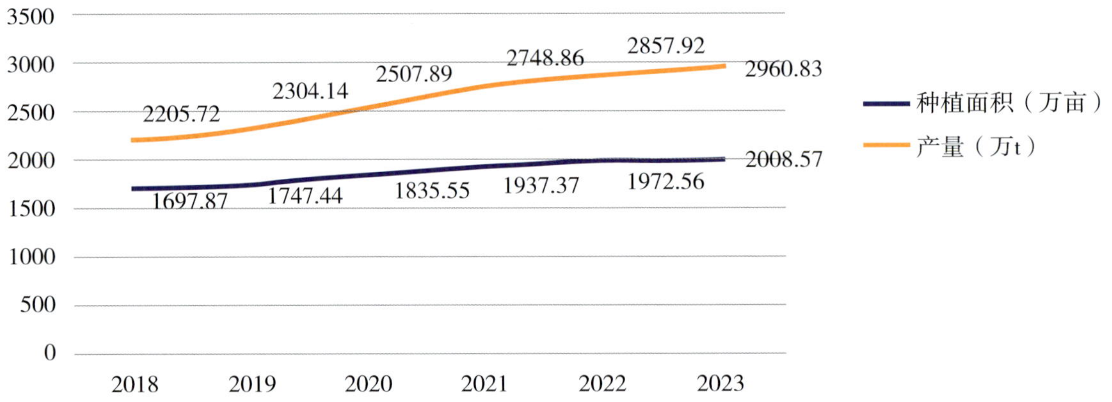

图2.2　2018—2023年云南省蔬菜种植面积及产量变化

结合云南省各州（市）蔬菜产量近5年集中度数据来看，云南省80%以上的蔬菜产自红河哈尼族彝族自治州、曲靖市、昆明市、玉溪市、楚雄彝族自治州、文山壮族苗族自治州、大理白族自治州、昭通市8个州（市）——近5年蔬菜产量合计在全省所占比重稳定在83%以上；50%以上的蔬菜产自红河哈尼族彝族自治州、曲靖市、昆明市、玉溪市4个州（市）——近5年蔬菜产量合计在全省所占比重稳定在54%以上。从各县域最新数据来看，2022年，全省共有泸西县、陆良县2个县域蔬菜产量在100万t以上，其中，泸西县以165.94万t稳居全省第1位，在全省所占比重约5.81%——结合历史数据来看，泸西县蔬菜产量已连续两年（2021—2022年）保持在150万t以上；陆良县蔬菜产量已连续两年（2021—2022年）保持在100万t以上（《云南统计年鉴》、各州（市）国民经济和社会发展统计公报）。

2.云南省蔬菜品种资源品类结构

云南省统计局发布的《云南统计年鉴》在统计过程中，根据蔬菜行业分类习惯以及云南省蔬菜种植特点，将蔬菜分为叶菜类、白菜类、甘蓝类、根茎类、瓜菜类、豆类、茄果类、葱蒜类、水生菜类9类。目前，云南省蔬菜生产常年保持“白菜类＞根茎类＞叶菜类＞茄果类＞葱蒜类＞豆类＞瓜菜类＞甘蓝类＞水生菜类”的产量结构（图2.3）。

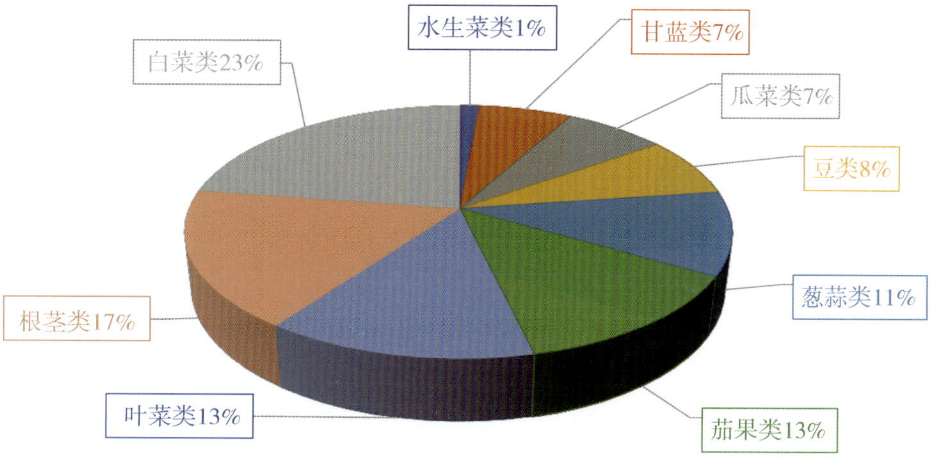

图2.3 2022年云南省蔬菜品类结构
（数据来源：《云南统计年鉴》）

进一步细分品类来看，2022年，全省蔬菜种植面积排名前10的品类依次为：辣椒、大白菜、莴苣、普通白菜、鲜食豌豆、萝卜、菜豆、姜、鲜食玉米、结球甘蓝——这10个品类2022年种植面积合计达1149.5万亩、产量合计达1821.8万t，分别约占全省的58.27%和63.75%。其中，辣椒种植面积约为281.2万亩、产量为267.1万t——分别约占全省的14.26%和9.35%，辣椒生产规模位列全省前10位的县（市）依次为：砚山县、丘北县、广南县、会泽县、文山市、宣威市、建水县、马关县、富宁县、石屏县；生产中的品种较多，仍在生产中发挥重要作用的地方品种，如丘北辣椒、云南最辣的辣椒保山市龙陵县的涮辣、红河州绿春县中米辣、景洪市的小雀辣等。例如，文山州特产丘北辣椒，是全国农产品地理标志，2023年，全县辣椒种植面积34.23万亩，总产量30.52万t，辣椒全产业链实现总产值24.19亿元。大白菜全省种植面积为132万亩、产量为304.1万t——分别约占全省的6.69%和10.64%，生产规模位列全省前10位的县（市、区）依次为：镇雄县、昭阳区、宣威市、通海县、泸西县、富源县、嵩明县、会泽县、寻甸县、罗平县。

（四）云南省水果产业发展现状

据云南省国民经济和社会发展统计公报数据显示，2022—2023年，云南省水果种植面积稳定在约1150万亩，2023年云南省水果产量为1380.88万t，同比较2022年增加了91.83万t，增幅约7.13%。2010年以来，云南省水果产量整体呈正增长态势，仅在2017年出现过约1.73%的同比下降现象，其后的2018—2023年连续6年呈现持续正增长态势，2021年以1142.6万t突破1000万t大关，后续在“云南省高原特色产业”绿色食品牌“1+10+3产业体系”等产业建设政策的扶持下，有望保持稳中有增的发展态势（图2.4）。

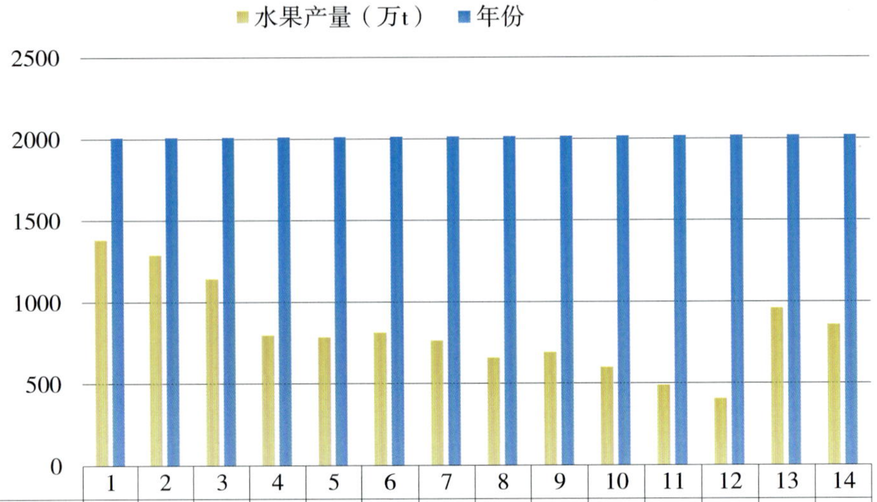

	1	2	3	4	5	6	7	8	9	10	11	12	13	14
水果产量（万t）	1381	1289	1143	797.7	783.9	813.4	762.8	657.2	690.6	598.8	488.7	407.1	961.6	860.3
年份	2023	2022	2021	2020	2019	2018	2017	2016	2015	2014	2013	2012	2011	2010

图2.4　云南省水果产量变化趋势

（数据来源：国家统计局、云南省国民经济和社会发展统计公报）

从产业地位来看，2010—2011年连续两年，云南省水果产量均在全国排名第18位；2012—2014年连续3年，云南省水果产量均在全国排名第16位；2015年开始跃升至第15位；2016—2020年在全国第12~13位徘徊；2021年跃居全国第10位；2022年已跃居全国第9位，到2023年已连续两年保持在全国第9位、连续3年保持在全国前10位。根据国家统计局的统计制度，全国水果统计大的方向分为以柑橘、苹果、梨、香蕉、葡萄、红枣、柿子为代表的“园林水果”和以西瓜、草莓、甜瓜为代表的“瓜果类”两种。其中，90%以上为“园林水果”。细分果品中，柑橘、香蕉、葡萄、梨、苹果、菠萝、柿子、草莓生产规模均居全国前10位，近年来生产规模稳中有增（图2.4）。在水果产业中使用的品种较多，地方品种如沙梨类漕涧乌心梨、香酥梨、秤砣梨、个旧鲁沙梨、棠梨、晋宁清水梨、磨盘梨、龙潭麻梨、他披梨、平川蜂糖梨、大理雪梨、小红梨、玉香梨、麦地湾梨等10余种，仍在生产中占有一定的面积，例如，20世纪90年代初，云南省红河哈尼族彝族自治州个旧市鸡街镇毕业红村委会以及锡城街道戈贾社区哨冲居民小组开始大规模种植鲁沙梨，已逐步形成了鲁沙梨种植产业。每年春天，上万亩梨花齐盛开的壮丽景象一度让这两个小村庄“火”出圈，毕业红村加级寨也因此入选为“2022年中国美丽休闲乡村”。加级寨树龄超过百年的梨树有800多棵，树龄最大的约有130年。2024年“梨花节”期间，个旧市共吸引省内外游客约11.92万人，实现旅游收入约148.43万元。个旧鲁沙梨声名远扬，受到了北京市、上海市、湖北省等地的消费者青睐，2023年，整村鲁沙梨产量达2万余t，实现经济价值超过4000万元，该项产业收入已占全村总收入的60%以上。

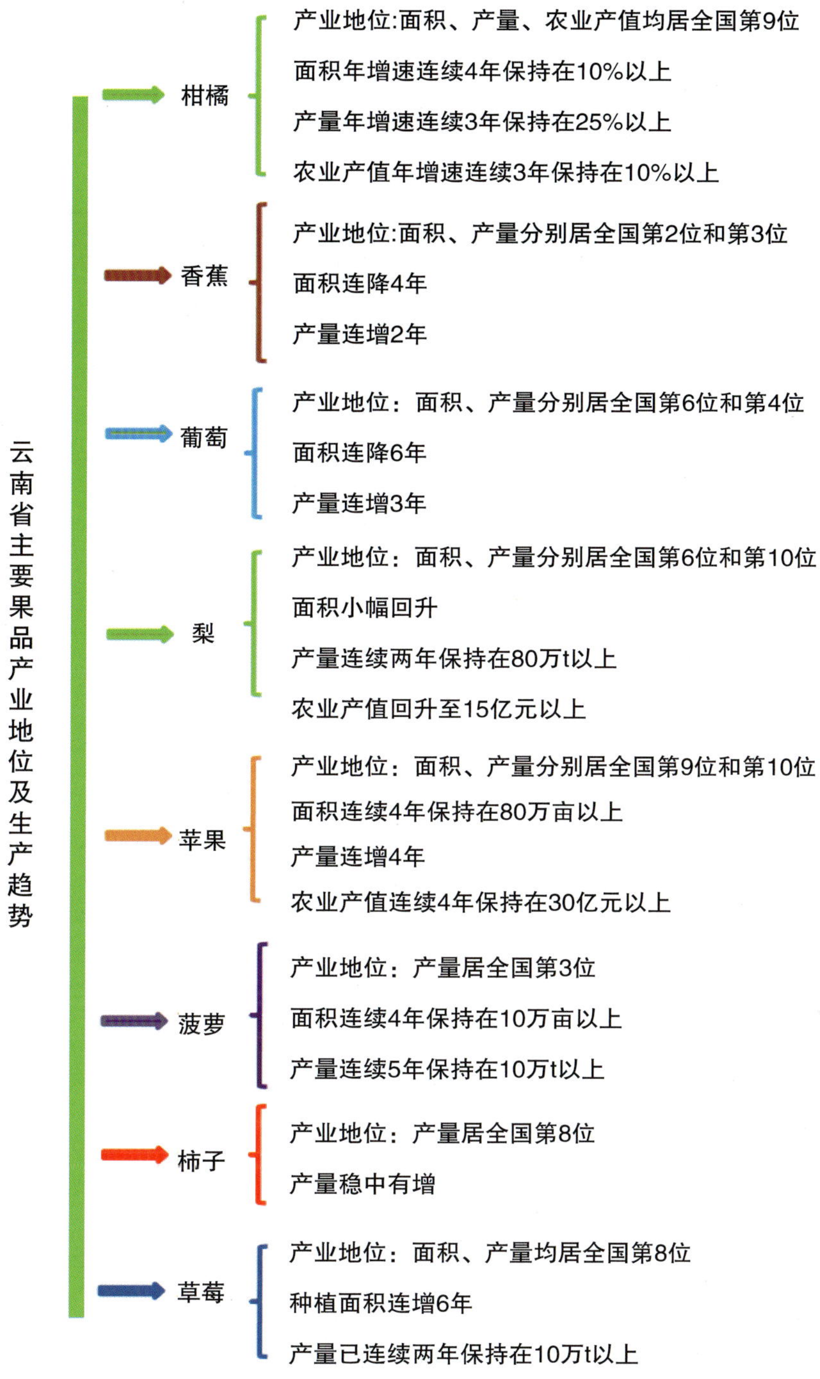

图2.5　云南省主要果品产业地位及生产趋势概览
（数据来源：国家统计局）

据云南省各州（市）历年国民经济和社会发展统计公报数据显示，红河哈尼族彝族自治州、玉溪市、大理白族自治州全口径水果产量常年稳居全省前3位，且产量均已连续3年（2021—2023年）保持在92.07万t以上。2023年，这3个州（市）全口径水果产量合计为680.72万t，占云南省全口径水果产量比重近50%（图2.6）。

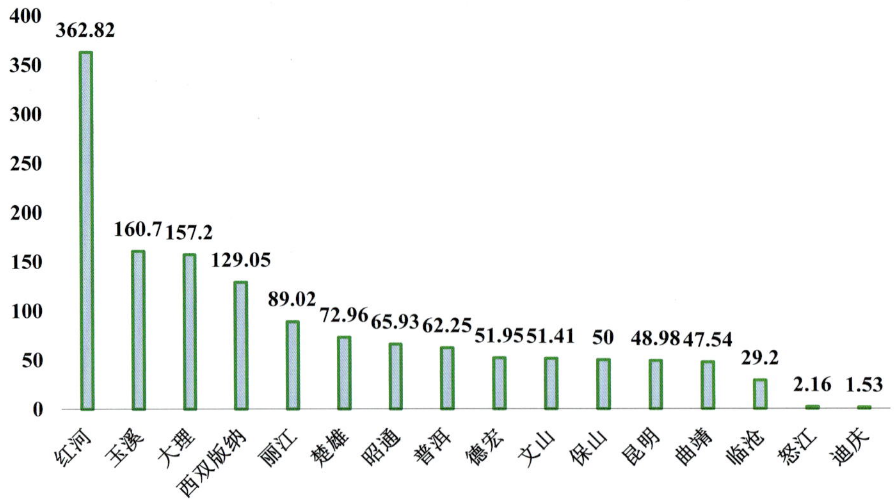

2023年云南省各州（市）水果产量（万t）

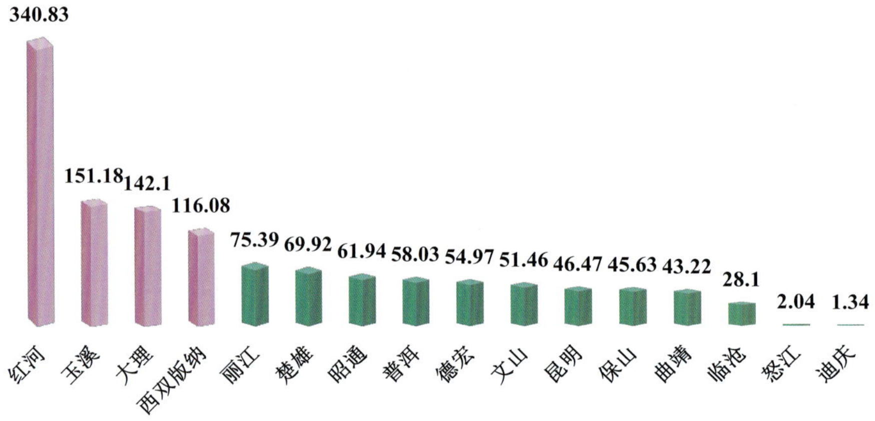

2022年云南省各州（市）水果产量（万t）

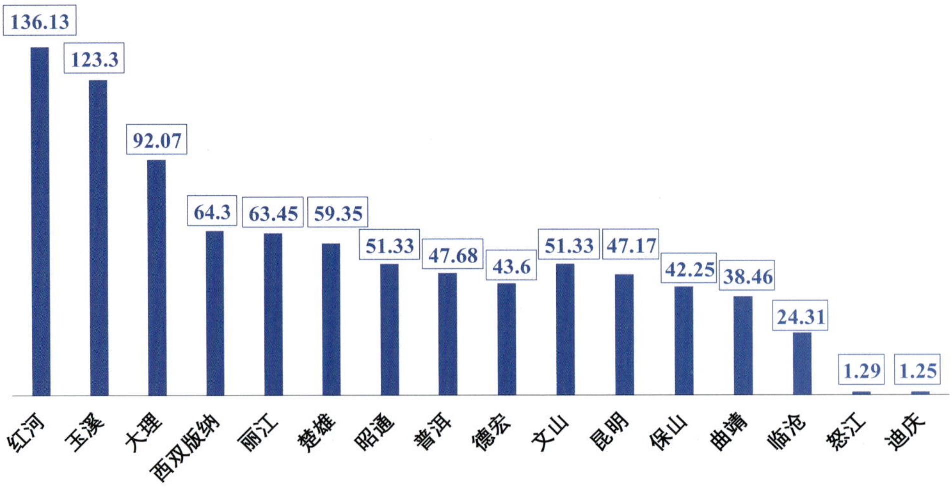

2021年云南省各州（市）水果产量（万t）

图2.6　2021—2023年云南省各州（市）全口径水果产量排名对比

（数据来源：各州（市）国民经济和社会发展统计公报）

据云南省统计局数据显示，云南全省129个县（市、区）均涉及水果的规模化生产，其中，全省全口径水果产量Top10县域常年分布于宾川县、元江县、景洪市、金平县、建水县、河口县、蒙自市、昭阳区、华宁县、华坪县、新平县、马关县12个县（市、区）之中——主要位于全省州（市）产量排名第1~3位的红河州（4个）、玉溪市（3个）、大理州（1个）中，此外，西双版纳州、昭通市、丽江市、文山州各分布有1个。

其中，大理白族自治州下辖的宾川县，2018—2022年全口径水果产量稳居全省首位，产量规模远高于德宏傣族景颇族自治州、文山壮族苗族自治州、保山市、曲靖市、昆明市、临沧市、怒江傈僳族自治州、迪庆藏族自治州等州（市）的产区，是云南省“一县一业”水果示范县（2019年、2021年）、水果产业发展重点县，葡萄、柑橘、石榴、滇橄榄、火龙果、冬桃等细分果种生产规模均居全省前列。它也是国内阳光玫瑰葡萄的代表产区，最早1月可上市，“楼铁源”已取得国内阳光玫瑰葡萄的定价权；产出的沃柑，可留树上于次年7月上市，上市供应期长达7个月（数据来源：云南省统计局）。

据云南省农业农村厅数据显示，截至2022年底，云南省水果产业省级及以上龙头企业共有151家，其中，国家级龙头企业9家，省级龙头企业142家；省级及以上农民专业合作社示范社233家，其中，国家级农民专业合作社示范社35家，省级农民专业合作社示范社198家，以上所有类型经营主体数量与往年相比均有不同程度的增长。但全省从事水果销售、生产、加工的企业主要分布在昆明、昭通、红河等地，主要从事鲜果的销售运营，销售额上规模的企业少，产业化程度仍然相对较低。目前，云南省水果企业品牌、区域公用品牌、农产品地理标志品牌均相对较少，且已有品牌影响力不足，除了“褚橙”“楼铁源阳光玫瑰”“佳沃蓝莓”“昭通苹果”等少数几个在国内有一定的知名度，多数品牌还处于“有名无牌，有牌无名”阶段，大部分水果品牌知名度低，未能体现出应有的附加值。

（五）云南省牧草绿肥产业发展现状

饲草产业是现代畜牧业发展的基础，是促进现代畜牧业可持续发展的关键，是优化产业结构、促进农业农村经济快速发展的增长点。云南省适合种植的饲草作物包括饲用燕麦、小黑麦、大麦、光叶紫花苕、黑麦草、白花苜蓿、全株饲料玉米、高丹草、苏丹草、甜高粱、青贮玉米、百喜草、甜象草、狼尾草和王草热研4号等。目前，云南省农业科学院热带亚热带经济作物研究所收集保存了热带牧草种质资源618份、木薯种质资源350份。云南省利用冬闲田种植优质饲草，推广种植的饲草包括饲用燕麦、小黑麦、大麦、光叶紫花苕、黑麦草等，这些饲草作物在云南的种植和推广，旨在解决冬春饲草紧缺问题，推动牛羊产业的发展。

2022年，云南省共有牛羊规模养殖场8096个，青贮饲料储备量为446.86万t，青贮饲料缺口为165.17万t，冬春饲草储备不足。2022年，云南省45个肉牛、肉羊企业（合作社）共需各类饲草18.06万t，其中自产自制饲草6.81万t，外购青贮玉米、玉米秸秆、稻草秸秆等饲草11.25万t，外购饲草量占全年饲草量的62.29%。

截至2022年底，云南省人工饲草种植面积912.922万亩，人工饲草产量（干重）779.38万t，面积及产量与2021年基本持平。其中，青贮玉米187.19万亩，同比增加18.29%，产量224.16万t；多花黑麦草59.38万亩，产量56.61万t；毛苕子（非绿肥）79.577万亩，产量35.68万t；饲用燕麦26.107万亩，产量19.3万t，紫花苜蓿20.21万亩，产量17.50万t。云南省有专业饲草加工企业59家，2022年共生产加工饲草产品39.4万t，同比增加12%。

云南省通过制定《云南“十四五”畜牧业高质量发展实施意见》、认真贯彻落实《云南省人民政府办公厅关于印发云南省支持肉牛产业加快发展若干措施的通知》、印发了《云南省巨菌草种植实验示范推广工作方案（2022—2024）》，以及起草云南省奶业相关扶持政策等措施，把饲草产业发展作为重点工作任务来抓，引导草食畜牧业重点地区发展全株青贮玉米、紫花苜蓿、燕麦、小黑麦和秸秆等优质饲草料的生产和经济作物副产物的开发利用，稳步提高饲草自给率，构建现代饲草产业保障体系。针对自给率不足的问题，2023年，云南省在昆明市、昭通市、曲靖市、大理州、楚雄州、保山市等15个州（市）52个县（市、区）实施粮改饲项目，推广种植青贮玉米58万亩，带动全省青贮玉米种植180万亩，收贮优质青贮饲料540万t；推广菌草种植实验示范1万亩，带动全省种植巨菌草10万亩，提高牛羊产业饲草料保障能力。云南省种植的牧草绿肥品种主要包括光叶紫花苕、毛叶紫花苕、蓝花子、苕子（野豌豆属）。光叶紫花苕和毛叶紫花苕在曲靖市、文山州等地广泛种植，这些地区的光叶紫花苕和毛叶紫花苕种植面积每年均稳定在140万亩以上，不仅有助于提高土壤肥力，还能增加作物产量和质量。蓝花子也是云南地区的一种重要绿肥品种，尤其在曲靖市的广泛种植，为当地的农业生产提供了重要的支持。苕子（野豌豆属）是一种一年生或越年生的草本绿肥，被广泛用于提高土壤有机质、保持土壤水分、减少水土流失等方面。在罗平县的生态水稻种植基地，苕子绿肥的种植有效地提高了水稻的品质，同时也改善了生态环境。宁蒗县通过推广“烤烟—绿肥—玉米—烤烟”轮作种植制度，不仅为当地烟农提供了增收途径，更为实现农业产业的协同发展和土壤改良工作开创了一条崭新之路，重点筛选抗寒、抗旱的会泽光叶紫花苕品种，并结合测土配方施肥，配合“统一规划、统一良种、统一节令”合理密植，集成了绿肥种植高效技术。同时，由于优良品种的广泛推广，较当地土著绿肥籽种用种量降低了5～10kg/亩，大大降低了籽种投入成本。这些绿肥品种在云南的推广和应用，不仅有助于提升土壤质量，增加农业产量，还促进了生态环境的改善，为农业的可持续发展作出了贡献。

三、云南省地方品种资源的分布与保护利用

（一）云南省地方品种资源分布

1.作物资源在不同气候带的分布

杨振超等（2005）通过分析整理云南7个气候带类型在全省129个县（市、区）的分布情况，与分析整理云南省12500余份主要农作物品种资源在全省129个县（市、区）的分布情况相结合，分析了各气候带类型在全省129个县（市、区）的分布及主要农作物品种资源的分布情况。云南省农作物品种

资源分布较集中地区为滇西和滇西南、滇中、滇东南地区，分布较少的为滇西北、滇东北地区。南亚热带、中亚热带、北亚热带包括的县（市、区）和农作物品种资源数量都比较多，3个气候带包括了约82.9%的县（市、区）和约83.13%的农作物品种资源量。从3个地区的气候特点上看，光照充足，日照时数一般在2000h以上，日平均气温大于10℃积温在4200~7200℃，最冷月平均气温在8~15℃，年降雨量在600~1500mm。云南无霜期长，南部边境全年无霜；偏南的文山州、蒙自市、普洱市以及临沧市、德宏州等地无霜期300～330天；中部的昆明市、玉溪市、楚雄州等地约250天；比较寒冷的昭通市和迪庆州可达210～220天。云南光照条件也好，每年光照90~150kcal/cm^2（cal为非法定单位，1cal=4.1868J，全书特此说明），仅次于西藏、青海、内蒙古等省（自治区）。在这样的立体气候环境中，有利于农作物资源的生长，加之3个气候带所包含的区域广，从而形成如此丰富的农作物资源。滇西、滇西北、滇南地区的中温带、北温带农作物资源量较少，两个温带只包括了4个县（兰坪、维西、德钦和香格里拉县），农作物品种资源数量只占总量的2.64%。两个温带区域的地区海拔都在2200m以上，日均温4~13℃。这些地区经常受到寒潮的影响，如中温带大于10℃积温1600～3200℃，最热月年均气温在18℃左右，日平均气温大于18℃的日数不到30天，日平均气温大于18℃是云南省大部分地区水稻安全生长的下限温度，一般水稻品种不宜生长，只有玉米、青稞等旱作品种能正常生长。北温带群众习惯上说“高寒山区”，本地区大于10℃积温小于1600℃，年平均温度在5~7℃以下，一般年份最低气温均在-10℃以下，积雪期达半年左右，不适宜大部分农作物生长，这是造成该地区农作物资源量减少的主要原因（杨振超等，2005）。

2.地方品种资源在各州市的分布

在云南第三次全国农作物种质资源普查与调查行动（简称“第三次普查”）涉及116个普查及调查县（市、区）中，在州（市）层级上，收集样品份数前3的分别是大理白族自治州、楚雄彝族自治州和曲靖市，约占收集样品总数的9.87%、9.67%和8.50%，而份数最少的是西双版纳傣族自治州，共144份，仅约占收集样品总数的1.71%（表2.3）。

按照作物种类划分，收集到的粮食作物最多的是楚雄彝族自治州，有502份，最少的是西双版纳傣族自治州，有96份；收集到蔬菜最多的是曲靖市，有169份，最少的是迪庆藏族自治州，共24份；经济作物最多的是文山壮族苗族自治州，有147份，迪庆藏族自治州最少，有7份；果树资源最多的是昭通市，有143份，最少的是西双版纳傣族自治州，有2份；牧草绿肥资源最多的是昆明市，有78份；西双版纳傣族自治州未收集到牧草类资源样品（表2.3）。

表2.3 云南省各州（市）收集样品情况

州（市）	总份数	占比（%）	粮食作物（份）	蔬菜（份）	经济作物（份）	果树（份）	牧草绿肥（份）
大理白族自治州	831	9.87	490	155	63	110	13
楚雄彝族自治州	814	9.67	502	166	89	51	6

续表2.3

州（市）	总份数	占比（%）	粮食作物（份）	蔬菜（份）	经济作物（份）	果树（份）	牧草绿肥（份）
曲靖市	715	8.50	365	169	54	120	7
红河哈尼族彝族自治州	700	8.32	364	94	99	136	7
昭通市	687	8.16	342	137	63	143	2
文山壮族苗族自治州	665	7.90	290	154	147	66	8
昆明市	633	7.52	340	89	45	81	78
普洱市	527	6.26	303	95	105	21	3
临沧市	484	5.75	257	79	86	60	2
玉溪市	480	5.70	272	79	37	77	15
保山市	442	5.25	199	132	61	43	7
怒江傈僳族自治州	404	4.80	256	85	28	33	2
丽江市	394	4.68	262	75	21	28	8
德宏傣族景颇族自治州	287	3.41	135	91	31	28	2
迪庆藏族自治州	209	2.48	171	24	7	4	3
西双版纳傣族自治州	144	1.71	96	36	10	2	0

按照种质类型划分，各州（市）资源样品均有地方品种，而且占比很高，其中，迪庆藏族自治州除1份野生资源外，其余的均为地方品种，最高的是文山壮族苗族自治州；选育品种来自曲靖市、西双版纳傣族自治州和德宏傣族景颇族自治州；引进品种较多的份数来自保山市、丽江市、玉溪市、怒江傈僳族自治州和文山壮族苗族自治州（图2.7）。

各州（市）收集种质资源所属的科的分布差异较大。在粮食作物种质资源方面，在红河哈尼族彝族自治州收集的分属10个科，分别是禾本科、豆科、蓼科、茄科、薯蓣科、菊科、十字花科、苋科、百合科、伞形科；其次是普洱市，有9个科；再者是文山壮族苗族自治州；临沧市有8个科。在这4个州（市）里，禾本科、豆科、蓼科的种植资源数量较多。在经济作物中，文山壮族苗族自治州有14个科；其次是昆明市、大理市各有13个科；西双版纳傣族自治州仅有3个科，山茶科的资源样品居多。在牧草绿肥中，昆明市共有17个；其次是大理市、玉溪市各有4个。在蔬菜方面，在德宏傣族景颇族自治州收集的分属有18个科；其次是大理白族自治州、玉溪市各有16个；而科的数量最少的是西双版纳傣族自治州，仅有7个科，葫芦科、百合科的种质资源居多。在果树中，红河哈尼族彝族自治州有15个科；其次是玉溪市，有13个科；接着是临沧市、文山壮族苗族自治州各有12个科，有蔷薇科、芸香科、柿科、葡萄科等，其中，蔷薇科占比最大。迪庆藏族自治州仅有1科4份资源样品，禾本科、豆科资源样品数居多。

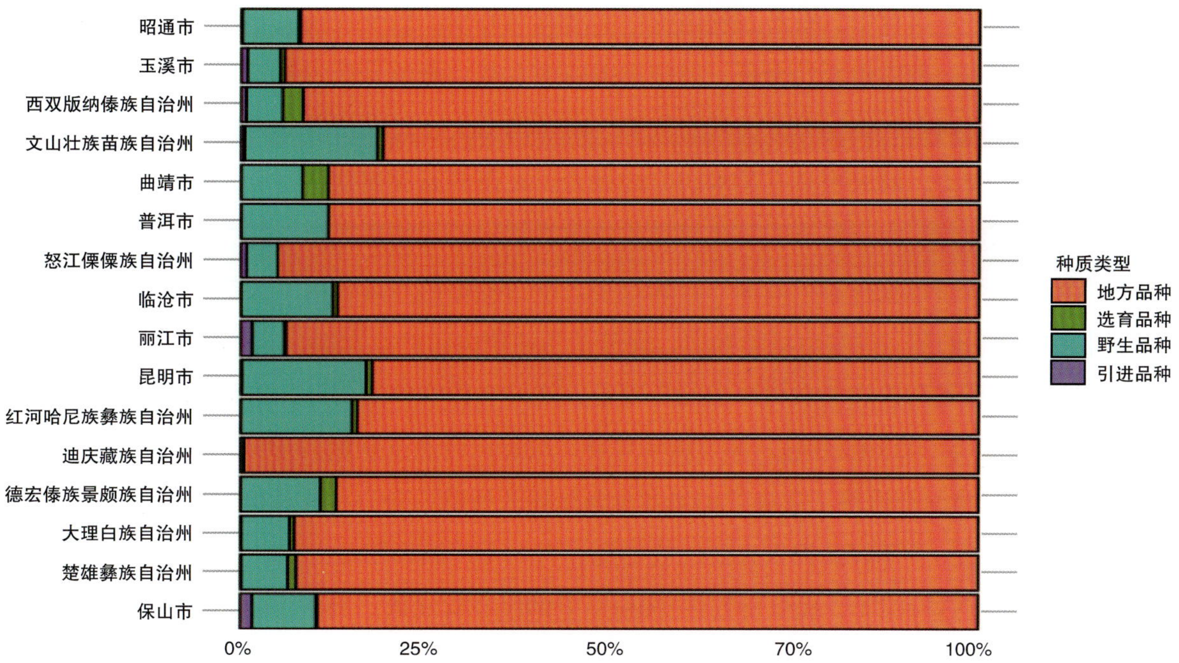

图2.7 不同资源类型在各州（市）的分布

（二）云南省优异地方品种资源的保护与利用

云南省气候资源丰富、地形复杂、土壤类型繁多，为各种生物提供了多样性的生态条件，云南省位置介于东经97.52°～106.18°，北纬21.13°～29.25°。“第三次普查”收集的农作物种质资源分布的经纬度范围为东经97.80°～106.02°和北纬21.26°～27.56°，基本覆盖云南省域范围。其中，最北部位于云南省迪庆州德钦县佛山乡巴美村北纬28.85°（资源：毕洋芋），最南部位于云南省西双版纳傣族自治州勐腊县磨憨镇龙门村北纬21.26°（资源：水稻），纬度跨越7.58°；最东部位于云南省文山州富宁县谷拉乡龙色村委会下龙里村东经106.02°（资源：高粱）；最西部位于云南省德宏傣族景颇族自治州陇川县章凤镇陇丰种子经营部东经97.80°（资源：水稻），经度横跨8.22°。本次普查范围涉及东西跨度约837.3km，南北跨度约891.4km。最低海拔位于云南省红河州河口瑶族自治县南溪镇南溪村96m（收集资源：芥菜、白菜、茴香）；最高海拔位于云南省迪庆藏族自治州香格里拉市小中甸镇团结村3283m（收集资源：青稞），海拔相差3187m。

云南省地方种质资源中，有承载着民族传统文化基因或民间故事的重要种质资源，也有见证农耕文明变迁的种质资源，更有一些适宜特定地理生态环境的种质资源。这些种质资源从不同角度揭示了保护好种质资源的重要性，对丰富和发展民族传统文化、适应不断变化的自然和社会环境新要求具有现实意义。

1. 不同民族对地方品种资源的保护利用

第三次普查已经发掘出特异资源193份、珍稀资源108份，这些优异种质资源已经并必将促进我国农业农村高质量发展。如支撑云南六大名米产业的地方品种“墨江紫米”和德宏“遮放米”资源，支撑绥江杧果产业的“象牙杧果”和蒙自石榴产业的明星品种“红玛瑙石榴”；承载着历史故事深受当地人民喜爱的地方稻种维西“攀天阁老黑谷”、南涧“割救母红线米”；具有丰富维生素含量、在乡村文旅结合特色产业培育中具有潜在利用价值的漕涧乌心梨；颇受现代人欢迎的健康产品“西盟米荞”；具有潜在价值的种质资源20余份，如宁洱困鹿山古茶、澜沧景迈古茶、镇沅古树茶、普洱黄心山药等，在品质、抗病虫、抗逆等方面具有优势，市场潜力大，具有传统文化和景观内涵协同促进乡村三产融合发展的潜力，同时也具有学术研究的潜力。在茶树起源演化研究中，具有重要潜在发现和发掘价值的维西糯山药、南涧红麻线等优异种质资源发展形成了特色产业，促进东川大洋芋、宁蒗高原红米和老姆登茶获得地理标志产品称号。2021年，维西糯山药入选中国十大优异种质资源后，极大地提升了维西糯山药的知名度和市场影响力，促进了当地糯山药产业发展，价格从每千克5元涨到每千克10元。攀天阁老黑谷入选农业农村部2022年度十大优异农作物种质资源，被认为是具有创新开发利用价值的地方品种。自2023年2月起，攀天阁乡党委、政府以党总支联建的形式，引导发动群众自种、8个村党总支包干种植复杂地块，完成了1000多亩老黑谷的种植，全力“保种粮保品牌”。

根据调查表记载的资源样品提供人的民族信息，有30个民族利用地方品种资源（表2.4）。按照资源样品提供人的民族进行归类，提供份数在100份以上的民族有汉族、彝族、哈尼族、傈僳族、白族、苗族、佤族、纳西族、傣族、壮族共10个，其中，汉族最多，提供资源3930份，约占地方品种资源7514份的52.02%，其次是彝族，有1213份，约占地方品种资源7514份的16.14%。在30个民族里，提供资源样品数最少的是东乡族、侗族和畲族，均只有1份。

可以认为资源样品提供人所属民族，一定是掌握了该资源样品或该资源的。由此编制的图2.8可知，在上述资源样品份数较多的10个民族中，汉族提供的作物种类共有307种，其中，份数较多的是普通菜豆、玉米、水稻、梨、大豆、茶树，分别是451份、341份、211份、205份、193份、139份，其次是彝族，共有141类作物，然后是白族，共有82类作物，傈僳族、哈尼族、傣族、纳西族、壮族、苗族和佤族掌握的作物类别分别有72、65、58、52、50、43和39个。有的民族提供的资源样品份数多，但种类不多，比如哈尼族，虽然提供了455份资源，但种类还没有白族的多。图2.8中，汉族特有的资源作物有156种，彝族特有的有22种，傣族的有8种，白族和傈僳族的有5种，佤族有4种，壮族、纳西族各有3种，哈尼族、苗族各有2种，剩余的都是民族之间共有的。

表2.4　基于提供人民族信息归类的品种资源份数

提供人民族	份数	占比（%）	提供人民族	份数	占比（%）
汉族	3909	52.02	回族	31	0.41
彝族	1213	16.14	阿昌族	26	0.35
哈尼族	455	6.06	基诺族	24	0.32
傈僳族	385	5.12	普米族	19	0.25
白族	372	4.95	独龙族	13	0.17
苗族	201	2.68	景颇族	12	0.16
佤族	185	2.46	土家族	12	0.16
纳西族	143	1.90	水族	7	0.09
傣族	119	1.58	蒙古族	6	0.08
壮族	114	1.52	布依族	5	0.07
拉祜族	72	0.96	满族	5	0.07
藏族	58	0.77	维吾尔族	2	0.03
瑶族	44	0.59	东乡族	1	0.01
怒族	40	0.53	侗族	1	0.01
布朗族	39	0.52	畲族	1	0.01

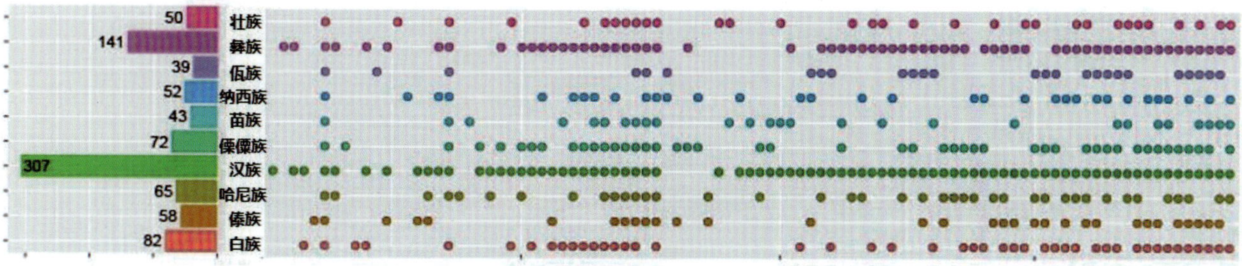

图2.8　云南少数民族掌握的作物种类份数及分布情况

2.不同农业生态种植区中地方品种的保护利用

根据《云南省种植业区划》丛书（潘炳献等，1992），将云南省种植业划分为5个区，即滇中高原盆地粮、烟、油、菜、果、桑区，滇南中山宽谷粮、油、蔗、茶区，滇东北山原旱粮、烟、果区，南部边缘低山宽谷盆地稻谷、热作、蔗、茶区和滇西北高山峡谷旱粮、药材区。在这5个区中，滇中高原盆地粮、烟、油、菜、果、桑区收集样品数量最多，共3415份，约占收集样品总数的40.58%，显示这个农业生态种植区现存的种质资源样品数最多、类型也最丰富，该区域保护资源更多，而种质资源对这个区域粮经作物生产种植、食物安全的支撑作用也更为明显。收集样品总数最少的是滇西北高山峡谷旱粮、药材区，共842份，约占收集样品总数的10.00%（表2.5）。

表2.5　不同种植区种质类型情况

种植区	地方品种	野生资源	选育品种	引进品种	合计
滇中高原盆地粮、烟、油、菜、果、桑区	3031	344	28	12	3415
滇南中山宽谷粮、油、蔗、茶区	1673	252	12	6	1943
滇东北山原旱粮、烟、果区	1094	92	21	1	1208
南部边缘低山宽谷盆地稻谷、热作、蔗、茶区	909	87	11	1	1008
滇西北高山峡谷旱粮、药材区	807	25	8	2	842

四、地方品种在特色产业中的保护利用

（一）支撑地方特色产业发展

第三次普查新发现优异种质资源中，维西糯山药、维西老黑谷、红河县哈垤高粱、建水酸石榴、富源花魔芋等资源已经支撑着地方特色产业发展。2021年11月23日，维西糯山药被农业农村部列为“农作物十大优异种质资源”之一，经过对维西糯山药的活性成分分析，其尿囊素、多巴胺、腺苷、山药素、维生素含量明显高于怀山药、铁棍山药和广西野生山药。维西糯山药蕴含傈僳族民族的传统文化，对于高海拔地区乡村经济振兴具有重要意义。

维西攀天阁老黑谷作为种植有770年历史的地方老品种，具有米壳呈黑色，米粒润红饱满，味道醇香，香糯可口，营养丰富，富含多种氨基酸、多酚，黄酮含量高等特点。2016年，政府举办了第一届“黑谷”文化旅游节，并将每年的10月2日定为“黑谷”文化旅游节，进一步提升“老黑谷”品牌价值。2013年，攀天阁老黑谷米荣获云南粮油协会“放心粮油”称号。2016年，“老黑谷”米被认定为绿色食品A级产品，许可使用绿色食品标志并获得绿色食品证书。攀天阁老黑谷入选农业农村部2022年度“十大优异农作物种质资源”，被认为是具有创新开发利用价值的地方品种。自2023年2月起，攀天阁乡党委、政府以党总支联建的形式，引导发动群众自种、8个村党总支包干种植复杂地块，完成了1000多亩老黑谷的种植，全力“保种粮保品牌”。

红河县哈垤高粱，以它为原料酿造的焖锅酒是哈尼族群众宴请宾客时的上品。哈垤高粱是哈尼族世代流传种植的地方特色品种资源，用哈垤高粱酿造的焖锅酒清香醇正、回味甘甜，深受哈尼族群众喜爱和市场青睐。

富源花魔芋富含不饱和脂肪酸、葡甘露聚糖、淀粉、蛋白质、多种生物碱、氨基酸，可制成多种食品，是适宜山区种植、经济价值较高的作物。2020年，魔芋种植面积15万亩，约占曲靖市21万亩的71.4%，约占全省77万亩的19.5%，约占全国220万亩的6.8%。2020年，全县魔芋产量18万余t，实现产值超过9亿元，魔芋产值约占农、林、牧、渔业总产值的9.6%。

（二）支撑服务地理标志性产品培育壮大

云南省从2014年开始，陆续获得“农产品地理标志”产品近139种，分布在78个县（市、区）（见表2.6），其中，2020—2023年普查行动期间，东川大洋芋、宁蒗高原红米和老姆登茶成为新授牌的3个地理标志产品。目前，云南各县（市、区）正采取抓重点、牵龙头的方式，推动优异种质资源地理标志产品的品质提升、品牌打造和标准化生产，未来将打造一批品质优良、风味独特的高原特色农产品，创响一批“滇字号”世界一流品牌。

宁蒗高原红米，谷粒饱满、米粒短圆，表皮棕红。红米蒸煮后，风味醇香，口感酥软，营养丰富；其中总淀粉≥75%，直链淀粉13%～20%，胶稠度≥55mm，蛋白质≥6.00%。专家调查发现后，对该资源进行提纯复壮和栽培措施改进，还协助整理相关资料，2021年，宁蒗高原红米被授予地理标志品种，产地位于宁蒗彝族自治县境内，涉及大兴镇、拉伯乡、永宁镇、红桥镇、翠玉傈僳族普米族自治乡、宁利乡、金棉乡、烂泥箐乡、新营盘乡、蝉战河乡、跑马坪乡、西布河乡、西川乡、战河镇、永宁坪乡共15个乡镇，地理坐标为：东经100.55°～100.88°、北纬27.13°～27.88°之间，境内南北长约150km、东西宽约90km。种植面积4.5万亩，年产量1.5万余t。

《云南日报》种业专栏对东川大洋芋进行了宣传报道，提升了东川大洋芋的知名度和影响力。昆明市东川区李子沟村东川大洋芋，当地农民认为东川大洋芋蒸煮口感好、香味浓、质地酥松、表面开花，但低产量影响农户种植的积极性。专家调查发现后，对该资源进行脱毒，并给当地提供脱毒种薯，提高了农户种植该资源的产量，还协助整理相关资料，东川大洋芋获得农业农村部颁发的“农产品地理标志”登记证书。2021年，刘旭院士还专程到该村指导调研，同年东川大洋芋获得国家地理标志农产品保护工程项目的支持，目前，东川大洋芋已经成为东川区乡村产业发展不可或缺的核心资源。东川大洋芋成为民间流传的“东川三宝”之一。通过持续的品牌培育和宣传，东川大洋芋的品牌知名度越来越大，产业也越来越火，带动了当地旅游业的发展。

云南省怒江傈僳族自治州福贡县特产——老姆登茶，是2020年中国国家地理标志产品。老姆登茶产地位于云南省怒江傈僳族自治州所辖的福贡县、泸水市、贡山独龙族怒族自治县和兰坪县的20个乡镇、171个行政村。地理坐标东经98.15°～99.65°，北纬25.55°～28.38°，茶叶种植面积2.7万亩，年产干毛茶810余t。老姆登茶干茶外形美观，条索紧实，紧卷多毫，整碎匀齐纯净，芽叶纯整，有锋苗，色泽嫩绿匀润，光泽油润，芳香浓郁。种植区主要河流有怒江、澜沧江、独龙江，最高海拔5128m，最低海拔738m。适宜种植的海拔为1100～2300m，土壤类型主要为红壤、黄壤，pH4.5～6.5；坡度

15°～35°的山区、半山区和坝区。种植区属亚热带山地季风气候，境内森林覆盖率约为75.31%，雨水主要集中在6—9月，冬无严寒，夏无酷暑，雨热同季，干凉同期，冬春多干旱，山高多雾，立体气候特点明显，空气质量优良。

表2.6 云南省部分地理标志产品

县（市、区）	数量	名称	州（市）	县（市、区）	数量	名称	州（市）
大理市	2	云南下关沱茶，大理独头大蒜	大理州（15个）	双柏县	1	白竹山茶	楚雄州（7个）
云龙县	3	麦地湾梨，云龙绿茶，云龙茶		牟定县	2	牟定腐乳，牟定油腐乳	
洱源县	1	洱源梅子		姚安县	1	姚安山药	
弥渡县	1	弥渡大蒜		禄丰市	1	禄丰香醋	
巍山县	1	巍山红雪梨		元谋县	1	元谋番茄	
南涧县	1	南涧绿茶		大姚县	1	大姚核桃	
漾濞县	2	漾濞大泡核桃，漾濞核桃		思茅区	2	普洱茶，思茅咖啡	普洱市（9个）
宾川县	4	宾川拉乌核桃，宾川柑橘，宾川红提葡萄，宾川朱苦拉咖啡		西盟县	1	西盟米荞	
泸西县	5	泸西除虫菊，红河灯盏花，高原梨，泸西苦荞，泸西灯盏花	红河州（22个）	景东县	3	景东紫胶，景东杧果，景东核桃	
建水县	5	建水酸石榴，建水草芽，红河灯盏花，建水洋葱，建水小米		江城县	1	普洱烟叶	
屏边县	1	屏边荔枝		墨江县	2	普洱咖啡，墨江紫米	
元阳县	1	元阳香蕉		新平县	1	玉溪烟叶	玉溪市（13个）
石屏县	4	红河灯盏花，石屏杨梅，石屏豆腐皮，石屏豆腐		通海县	1	玉溪烟叶	
开远市	1	开远蜜桃		华宁县	3	华宁柑橘，玉溪烟叶，华宁柿子	
蒙自市	3	蒙自石榴，蒙自过桥米线，蒙自甜石榴		峨山县	1	玉溪烟叶	
弥勒市	1	弥勒葡萄		澄江市	2	澂江藕，玉溪烟叶	
金平县	1	金平香蕉		红塔区	1	玉溪烟叶	

续表2.6

县（市、区）	数量	名称	州（市）	县（市、区）	数量	名称	州（市）
东川区	2	东川面条，东川大洋芋	昆明市（12个）	元江县	2	元江杧果，玉溪烟叶	玉溪市（13个）
石林县	1	石林柿饼		易门县	2	玉溪烟叶，易门豆豉	
嵩明县	1	嵩明生菜		凤庆县	1	凤庆滇红茶	临沧市（3个）
呈贡区	1	呈贡宝珠梨		云县	1	云县白花木瓜	
安宁市	1	安宁红梨		永德县	1	永德杧果	
富民县	2	富民杨梅，富民茭瓜		广南县	4	广南铁皮石斛，底圩茶，广南西枫斗，广南八宝米	文山州（10个）
晋宁区	1	夕阳葵花子		丘北县	2	丘北辣椒，邱北辣椒	
盘龙区	1	云南白药		砚山县	1	砚山小粒花生	
西山区	2	谷律花椒，古律花椒		西畴县	1	西畴阳荷	
昭阳区	2	昭通苦荞，昭通苹果	昭通市（8个）	文山市	2	文山三七，文山他披梨	
永善县	2	永善花椒，溪洛渡花椒		芒市	1	芒市石斛	德宏州（6个）
鲁甸县	4	昭通土豆，鲁甸青花椒，鲁甸大麻，核桃		梁河县	2	梁河葫芦丝，回龙茶	
罗平县	3	罗平菜油，罗平小黄姜，罗平蜂蜜	曲靖市（11个）	盈江县	1	德宏香软米	
师宗县	2	高良苡仁米，师宗黑尔糯米		瑞丽市	1	瑞丽柠檬	
会泽县	4	会泽大洋芋，会泽宝珠梨，盐水石榴，乐业辣椒		陇川县	1	德宏咖啡	
富源县	1	富源魔芋		腾冲市	2	腾冲红花油茶油，腾冲饵丝	保山市（8个）
马龙区	1	马龙苹果		施甸县	1	保山烟叶	
永胜县	1	程海螺旋藻	丽江市（5个）	龙陵县	2	龙陵紫皮石斛，保山小粒咖啡	
玉龙县	2	丽江雪桃，丽江烟叶		昌宁县	3	昌宁核桃，保山甜柿，保山绿蚕豆	

续表2.6

<table>
<tr><th>县（市、区）</th><th>数量</th><th>名称</th><th>州（市）</th><th>县（市、区）</th><th>数量</th><th>名称</th><th>州（市）</th></tr>
<tr><td>华坪县</td><td>1</td><td>华坪杧果</td><td rowspan="2">丽江市（5个）</td><td>香格里拉市</td><td>2</td><td>香格里拉松茸，香格里拉青稞</td><td rowspan="3">迪庆州（4个）</td></tr>
<tr><td>宁蒗县</td><td>1</td><td>高原红米</td><td>维西县</td><td>1</td><td>维西百花蜜</td></tr>
<tr><td>勐海县</td><td>1</td><td>勐海茶</td><td>西双版纳州（1个）</td><td>德钦县</td><td>1</td><td>迪庆高原葡萄酒</td></tr>
</table>

优异种质资源为云南十大著名地理标志产品保驾护航。

（1）墨江紫谷。禾本科，稻属，籼型糯性，亩产250～350kg，墨江栽培历史悠久，俗称“接骨米”，曾经是朝廷御用的贡米。有“中国紫米之乡”“云南省名牌农产品”、云南“六大名米”及普洱“知名商标”“最受消费者喜爱的中国农产品区域公用品牌”“2019中国农产品区域公用品牌目录”及“普洱市十大特色农产品”等美誉。2015年，国家质检总局批准对“墨江紫米”实施地理标志产品保护。当前，墨江县委、县政府抓住墨江紫米优良品质特性及其历史底蕴，确定紫米产业为“一县一业”特色创建产业。

（2）广南八宝米。广南八宝米，云南省广南县特产，“中国国家地理标志”产品。八宝米历史上被列为“贡米”，封为“皇粮”，以其香味浓、油脂丰富、蛋白质含量高等特点而被历代列入贡米之列。广南八宝米为禾本科稻属籼型稻作物，品种为广稻系列、文稻系列等优质籼稻，全生育期145～175天，株高95～154cm，穗长22～26cm，穗平均实粒数78.6～180粒。谷粒长0.6～0.8cm，千粒重25～29g。谷壳呈淡黄色，颗粒饱满，易脱粒，谷粒略带短芒。2021年，八宝米优质稻种植面积5.2万余亩，总产量2184万kg，产值约为1.2亿元。春茶产量9t，产值46.8万元。

（3）遮放贡米。云南省芒市特产，“中国国家地理标志”产品。遮放贡米以米粒大而长、色泽晶莹如玉、蛋白质含量高，米饭香软可口、煮粥黏而不腻、营养价值高等特质被评为“云南省名牌产品”“云南省名牌农产品”。芒市遮放贡米产业联合体通过订单方式带动德宏州优质水稻订单订收面积达20万亩。通过加工厂收购遮放贡优质稻谷，户均收入7.6万余元，人均1.68万余元，辐射带动了全州约2.5万户农户开展水稻种植。通过农资销售、水稻收购加工，“遮放贡米”产业实现工业总产值2.62万元。同时，“遮放贡米”产业还带动了第三产业发展，当地休闲农业营业收入超亿元。

（4）洱源梅子。云南省洱源县特产，“中国国家地理标志”产品。洱源被誉为“中国梅子之乡”，盛产鲜梅，洱源梅子产量高，品质优，梅树生长在2200～2800m高海拔无污染的山区，出产的梅果个头大、肉质厚、色泽美、酸脆可口。2022年，洱源县种植青梅6万多亩，遍及9个镇（乡）、90个村（居）委会。2021年，全县梅果种植面积6.24万亩，总产量1.89万t，总产值4914万元。全县有梅子加工企业17家，个体加工户600多户，经过多年发展，梅果产品开发有果脯、果酒、饮料和调味品4

大系列150多个品种，拥有6项发明专利和20多项外包装设计专利，有认证的绿色、有机食品13个。

（5）富民杨梅。云南省富民县特产，“中国国家地理标志”产品。富民县大树杨梅于1992年引种，1997年开始挂果，主栽品种为荸荠、东魁及部分早荠蜜、晚荠蜜和少量晚稻梅、白水晶、黑金梅和丁岙梅。富民杨梅具有果大核小、色泽艳丽、汁多、酸甜适度、有香气，成熟早，较耐贮运，营养价值高等特点。因其树大，故当地人称之为“大树杨梅”。杨梅能生长70～80年乃至百年以上。2013年，全县杨梅种植面积2.78万亩，产量达到4900t，产值4900万元，主栽品种为荸荠、东魁等。截至2022年，富民县杨梅种植面积2.95万亩，种植户4015户，产量达1.48万t，产值4440万元；2023年预计产量将达到1.6万t，产值5000万元。

（6）屏边荔枝。云南省屏边苗族自治县特产，“中国国家地理标志”产品。屏边县具有独特的气候条件使“妃子笑”荔枝提早成熟，品质上乘，果实糖酸比合理，甜而不腻，适合大众口感。“妃子笑”荔枝种植面积、产销量均居云南省第一位。2009年11月，屏边荔枝获得绿色食品认证。2021年，全县产荔枝鲜果约1.2万t，产值约1.7亿元，实现了荔枝种植户年收入4万元以上，极大地推动了荔枝产业发展和群众增收致富。目前，全县有荔枝州级农业产业化经营重点龙头企业1家、农民专业合作社3个，建有荔枝种植示范园22个，带动485户困难群众每年每户获得25000元以上稳定收益。

（7）宾川柑橘。云南省宾川县特产，“中国国家地理标志”产品。云南省大理州宾川县地处金沙江南岸干热河谷地带，宾川柑橘具有上市时间长、丰产稳产、果大均匀、酸甜适口等特点。2021年，总产值达3.4亿元。柑橘种植面积2.2万亩，挂果面积1.8万亩，总产量达4.9万t，总产值达3.4万元，呈现出种植面积快速恢复、价格效益稳定居高、柑橘知名度逐步提升的喜人局面。2021年，宾川县“宾川柑橘”入选云南省“绿色食品牌”品牌目录区域公用品牌名单。

（8）蒙自石榴。云南省红河哈尼族彝族自治州蒙自市特产，“全国农产品地理标志”产品。蒙自石榴大约有70多个品种，分为观赏和食用两大类。食用石榴以甜绿籽为最优，其个头大如碗，籽实饱满，肉厚核小，晶莹如珠，汁多蜜甜，营养丰富。果实中含有维生素C及B族维生素，有机酸、糖类、蛋白质、脂肪，以及钙、磷、钾等矿物质。2021年，蒙自石榴种植面积14万亩，约占全市水果产业种植面积（45万亩）的31.1%，产量36.03万t，约占全市水果总产量（57万吨）的63.2%；产值12.02亿元，约占全市水果总产值（31.6亿元）的38%。

（9）瑞丽柠檬。云南省瑞丽市特产，“中国国家地理标志”产品。瑞丽属典型的南亚热带季风气候，全年分为旱、雨两季，日照时间长，热区资源丰富，加上坝区土壤肥沃，灌溉便利，柠檬成熟快，产量高。2022年，柠檬种植面积达1.5万亩，约占德宏州种植面积的82%；投产面积8590亩，约占德宏州种植面积的61%；总产量达1.65万t全年较2021年增产2000t以上，总产值为6500余万元，较2021年增收15%以上。

（10）呈贡宝珠梨。云南省呈贡区特产，“中国国家地理标志”产品。呈贡宝珠梨果实近圆形，果梗短粗，皮色青翠，果肉雪白、肉质脆、细嫩、多汁无渣、甜度适口。截至2021年底，呈贡区吴家营街道辖区规模化种植宝珠梨面积达7000余亩，年产优质宝珠梨近12000t，年产值达8000万元。同时，构建特色产业链，开发宝珠梨深加工产品和文创产品，社区集体经济领头、龙头户参与，与第三方合作方式研发制作销售梨膏、梨干、梨醋、梨酒及梨冰棒等系列产品，形成以“基地+合作社+农户”的利益机制，实现以产业发展带动群众增收，以产业增效带动乡村提质。

五、值得特别重视保护利用的地方品种资源

（一）具有潜在研发价值的地方种质资源

第三次普查发现了具有潜在价值的种质资源20余份，如宁洱困鹿山古茶、澜沧景迈古茶、镇沅古树茶、普洱黄心山药等在品质、抗病虫、抗逆等方面具有优势，市场潜力大，还具有传统文化和景观内涵协同促进乡村“三产”融合发展的潜力，同时也具有学术研究的潜力。

1.具有极高学术价值的资源

①元阳红米。主要生长于世界文化遗产地核心区——元阳哈尼梯田，老品种，采用近原始的耕种方式，施农家肥，引用山泉水灌溉，属原生态农作物，口感软糯，具有极高的营养价值，是宴请宾客和馈赠亲友的佳品。哈尼梯田老品种红米经初步测定，钙、铁、锌、硒、铜、镁、钾等微量元素含量极为丰富。特别是镁含量每100g可食部分高达150mg，为普通大米的3～5倍，钙含量每100g可食部分达12.8mg，约是普通大米的3倍，且哈尼红米的蛋白质、氨基酸、维生素、纤维质的含量也远远高于普通大米。富含人体所需的18种氨基酸，含量达7.3%。哈尼红米就含有7种人体所不能合成的氨基酸。对目前栽种的红米品种的DNA进行测序，发现哈尼梯田红米的基因多样性非常丰富，其等位基因比现代品种平均高3.8倍，哈尼梯田红米种植千年，品质和产量保持稳定。梯田红米是云南省“六大名米”之一，在哈尼传统文化与稻基因多样性相互关系、稻作演变研究方面具有重要的价值。

②宁洱困鹿山古茶。分为困鹿山小叶茶和困鹿山大叶茶，山茶科茶属茶种地方品种。生长在位于普洱县城北面31km处，海拔1410～2271m的宁洱哈尼族彝族自治县宁洱镇宽宏村委会困鹿山自然村，困鹿山皇家茶园被人们称为“茶之天然博物馆”。困鹿山原始森林地域内，散落着千年以上的野生型、过渡型、栽培型和大叶种、中叶种、小叶种古茶树，树龄久远，种类齐全，具有潜在的起源演化研究价值。困鹿皇家古茶园被清政府定为皇家御用茶园已有200多年的历史（即清雍正七年，公元1729年），已经普查出372棵古茶树，树龄大都约为数百年。这些古老茶树生发的珍贵的古树茶叶，每年能产300～400kg的毛干茶，在市面上颇受欢迎。

2.集生态景观、生产、生活于一体的资源

澜沧景迈古茶，山茶科山茶属，澜沧县过渡、栽培古茶，最大的人工栽培古茶园位于县城东南部惠民镇境内的景迈芒景千年万亩古茶园。其范围包括景迈、芒景两个村委会的10个村民小组，最高海拔1662m，最低海拔1100m，总面积1078.2hm^2，年产干茶200～300t，据芒景佛寺木塔石碑傣文记载，是当地傣族、布朗族先民驯化栽培，迄今有1000多年历史，故称为“景迈芒景千年万亩古茶园”，是世界上保持较完好的大面积栽培古茶园之一，2007年3月，被评为中国民间文化遗产旅游示范区。澜沧景迈古茶在构建集生态茶园景观、茶园生产、农民生活于一体的模式，生产出承载民族传统文化和优质茶叶，建设宜居宜业和美乡村中具有典型性，潜在研究价值巨大。

3.在服务产业发展中具有很大发展潜力资源

①攀天阁老黑谷。攀天阁老黑谷在维西攀天阁迪姑普米族村落百余年的生计模式演变中起作用，普米族渊源于古氐羌人，13世纪后，陆续迁入宁蒗县、丽江市（现古城区和玉龙县）、维西县、兰坪县一带定居；迪姑普米族村在百余年历史中的生计模式，以集体化阶段为界划分为三个阶段：从定居迪姑到集体化以前，主要经历了从游牧、采猎为主的生计模式向稻作种植、畜牧、养畜、采猎等多元化生计模式的转变，并实现了多元生计方式的有效结合，最终构建起一个具有中国历史上传统农业时期循环经济色彩的生计模式，这一转变实现的契机则是泄湖造田，接纳稻作农耕，种植攀天阁黑谷。集体化时期，迪姑自然村的生计模式获得进一步拓展，主要表现为对旱作种植业的接纳，这一转变的契机则是当地农民在坝子周边开垦山地的行为。集体化以后，伴随土地下户，迪姑自然村的生计模式更趋多元，但却逐步开始割裂了以往生计方式之间的有效结合。迪姑坝子一处名曰落水洞的地方，保留着清光绪三十二年（1906年）的一块石刻，记录了时任维西通判的冯舜生带领当地人们泄湖造田1000余亩的事迹，规模化种植攀天阁黑谷的故事。因此，本次收集的攀天阁黑谷，与普米族的农耕文明的发展历史密切相连，是普米族农耕文明变迁中关键的种质资源。

②禄劝苦荞。苦荞特有的“养生、保健、食疗”功效日益显现，经不断总结和创新，推出了以食物和商品为主的产品系列。以食物为主的产品种类有苦荞米、苦荞面、苦荞羹、苦荞粥、苦荞蛋糕、苦荞面片、苦荞饭、苦荞片等；以商品为主的产品种类有苦荞酒、苦荞茶、苦荞月饼和苦荞糊。

③疙瘩金红薯。煮熟后质地酥软、香甜、无粗纤维、口感极佳像板栗，故又称“板栗红薯”。疙瘩金红薯营养丰富，富含硒元素。有黄心、板栗色心、乌心等。在整个生长期不施用任何化肥、农药，是纯天然的绿色保健食品。随着消费水平的提高，人们对绿色食品的需求也越来越高，疙瘩金红薯已成为东川区的地方特色品种，产量低，一般在400kg/亩左右，每年的10月初上市，市场销售供不应求。东川区区委、区政府正在把“疙瘩金红薯”打造成东川特色产业之一，使疙瘩金红薯走出东川，走向更广阔的市场。

④普洱黄心山药。旋花科甘薯属甘薯种地方品种，是云南省普洱市宁洱县的特产。主要种植在宁洱县宁洱镇民安村曼肥、民政村老张寨、老王寨等村民小组。这些地方海拔都在1220m～1420m，年平均气温为18℃，年降水量1400mm，土壤pH在6.1左右，土质为火山灰变成的红香木土质。独特的土质、气候种植出的红薯病虫害少，个头几乎一样大小，外观呈小小的长圆柱形且光滑，皮薄、心黄、淀粉含量高，口感香甜细腻，有“赛板栗”的美誉。据考证，普洱市出产的黄心山药因含膳食纤维、胡萝卜素、维生素B、维生素C、叶酸黏液蛋白和钙、镁、钾等微量元素而被人们广为推崇。将其蒸熟或者烤熟后适量食用，具有通便、抗癌、预防动脉硬化、控制血糖、增强免疫力等保健作用。其中的绿原酸可抑制黑色素产生，防止雀斑和老年斑。宁洱镇民政村于2008年成立“红薯种植专业合作社”，后又成立了“黄心山药种植协会”，两个组织的成立，将规范黄心山药的种植、贮藏及销售，使黄心山药的种植和销售走上规范化道路。合作社和协会重点解决黄心山药产量低的难题，推广种植“脱毒黄心山药”，保证黄心山药的种植做到生态健康、无公害。近年来，保证种植出来的黄心山药

品质高、口感好，价位逐年提高，成为群众增收致富的重要产业之一。2022年，宁洱镇20个村种植黄心山药8500余亩，产值达250余万元。

⑤福贡县鸡脚稗。福贡县境内多山地，且山地切割破碎，宜农地分布极为零散，地块较小，坡度在25°以下的耕地面积比较小，人均可生产利用土地面积极其有限。鸡脚稗在福贡县的种植历史久远，是当地傈僳族、怒族祖辈沿用酿制“杵酒”和加工天然绿色高级滋补食品的传统农作物。通过多年的种植，适应了当地的气候及土壤条件。具有根系发达、分蘖率高，适应性广、抗逆性强、抗病虫害能力强，种植管理简易等优点，以鸡脚稗为主要原料酿制的“峡谷鸡脚稗酒”具有清澈透明，芳香可口，入口柔和，甘洌回甜，不打头、不燥热的特殊风味，是怒江傈僳族、怒族文化的经典之作。

⑥孟连花生。豆科花生属，在孟连种植历史悠久，曾经是献给傣王的贡品。由普通花生因果仁外皮颜色变异产生多种颜色而得名。按粒色可分为：黑色、雪白色、白底红花纹、黄底黑花纹等颜色。孟连花花生比普通花生营养丰富，口感好，蛋白质含量约比普通花生高出23.9%，每百克花花生含微量元素锌3.7g、硒8.3g，比普通花生更富含硒、锌、铁、碘、白黎芦醇等微量元素和氨基酸等营养成分，更具保健、食疗功效。孟连花花生品种具有较强适应性和抗逆性，栽培管理措施和普通花生一样，亩产在250～300kg，出油率约是普通花生的1.5倍，它的蛋白质含量高于黄豆，开发潜力大，是现阶段农作物价格较好的产品之一。全县常年固定种植面积10000亩以上，年销量200万kg以上，创纯收入3000万元以上，将成为支撑产业发展的特色资源。

⑦富源黄梨。又称十全大美梨，该梨果形大，皮薄多汁，味甜酥脆，入选《中国果树栽培学》教材，种植历史悠久。富源黄梨是云南省曲靖市富源县的特产。富源黄梨核小皮黄，肉质细嫩，甜美爽口；果实特大，最大的可达1kg；含糖量达11%。为全省水果名产之一。黄梨原产富源县营上镇速助村，原名速助黄皮梨，后经省定名为“富源黄梨”，是当地群众经过长期培育筛选出的一个优良品种，也是云南省良种梨之一。黄梨果实9月上旬成熟，平均果重300～400g，最重的1000g。果形呈扁圆形，果皮黄褐色，果点大。果肉浅黄呈白色，肉质松脆，汁多、味浓甜，含可溶性固形物12.2%，品质中上等，一般能贮放20～30天。富源县内年产果量1.95万kg左右，平均单株产量200余kg。近年来，共育苗栽种了11万株黄梨。

⑧镇沅古树茶。镇沅古树茶，山茶科山茶属。古树茶具有2000多年的历史，具有优质、抗病、抗虫、耐寒、耐贫瘠的特点。古树茶具有耐泡、清香的特性；同时据说还具有以下三大功效：一是抗癌功效，古树茶可以抑制癌细胞的扩散，从而达到抗癌防癌的作用。二是降脂功效，古树茶具有降低血清胆固醇含量的作用，软化血管，从而降低血脂，用于防治高脂血症、动脉硬化等，而且还可清理肠道，减少脂肪在体内的堆积，从而达到减肥的目的。三是抗衰老功效，古树茶含有丰富的维生素等营养物质，具有清除自由基的作用，延缓衰老。镇沅县古树茶面积3.08万亩，共有八大茶区（马邓茶区、老海塘茶区、砍盆箐茶区、打笋山茶区、老乌山茶区、五一茶区、千家寨茶区、茶山箐茶区），为打造镇沅“一县一业”及“四个50亿”之茶产业奠定了良好的基础。

⑨澜沧景迈古茶，山茶科山茶属，澜沧县过渡、栽培古茶，最大的人工栽培古茶园位于县城东

南部惠民镇境内的景迈芒景千年万亩古茶园。其范围包括景迈、芒景两个村委会的10个村民小组，最高海拔1662m，最低海拔1100m，总面积1078.2hm^2，年产干茶200～300t，据芒景佛寺木塔石碑傣文记载，是当地傣族、布朗族先民驯化栽培，迄今有1000多年历史，故称为“景迈芒景千年万亩古茶园”，是世界上保存较完好的大面积栽培古茶园之一。2007年3月，被评为中国民间文化遗产旅游示范区。澜沧景迈古茶是集构建生态茶园景观、茶园生产、农民生活为一体的种质资源，承载民族传统文化的种质资源，在研究农耕制度由采集向耕种变迁中具有独特的作用。

（二）珍稀濒危地方种质资源

1.濒危种质资源的发现

第三次资源普查发现了6份濒危的作物地方资源，这些地方品种资源仅有少部分农民保留种植自用，种植户数少、种植面积小，存在被育成品种替代丢失的风险。普查和调查队员通过查阅资料、深入村寨、挨家挨户调查，咨询当地老学者、老教师、老村长等，获得这些地方品种资源的信息，翻山越岭，跋山涉水，经过多方多次努力，才找到了“传说中的珍贵资源”，如紫色果肉的威信毕坝乌桃、南涧县无量山镇德安村的小紫洋芋、元谋红皮余甘子、屏边紫果茶、昌宁土锅山大叶茶、云龙县野生小番茄等，这些资源多具有抗逆性强、营养品质好等特性，是育种和种质创新的重要材料，有的是作物起源与演化研究不可或缺的资源，有的对研究农业起源和农耕文化也具有重要意义。例如，20世纪80年代收集保存于国家种质勐海大叶茶树资源圃的紫果茶*Camellia purpurea*（2000年陈亮研究员归并入茶*Camellia sinensis*），因茶树的适应性原因而死亡，由于原产地屏边县玉屏镇后来的开发因素，紫果茶再没有见到其踪影，一直认为紫果茶已灭绝。屏边县农业农村和科学技术局本次通过精心准备、仔细排查，于2020年12月2日在云南省红河州屏边县玉屏镇阿季伍村发现这消失近30年的紫果茶种，收集枝条后，移入国家茶叶资源圃中保存。

南涧县无量山镇德安村的小紫洋芋，2021年仅有2户种植，生产的小紫洋芋已经全部吃完，更没有留种，只能在种植过该品种的地块中挖地搜寻，最后仅在一家地块中找到被挖漏的薯块，通过繁殖后，交给了省农科院进行保存。

元谋县红皮余甘子江边乡野生种质资源。该资源由江边乡一农户发现的，目前只发现1株，该农户说果实漂亮，在市场上售卖价格比一般的要高，用作泡余甘子酒味道极佳。晚熟果，挂果期长，果皮颜色漂亮，现已经通过剪取枝条嫁接保存在农业农村部余甘子种质资源保护云南创新基地中。

2020年，在云龙县的边江村就发现了优异的种质资源野生小番茄4株，经清洗晒干后只有20g种子（目前已经由云南省农科院扩繁并入库保存），为我们国家的番茄育种带来了新的基因资源，或许能为我们国家育成更优质更抗病更高产的番茄品种，为整个番茄生产产业带来新的活力。

2.濒危种质资源的抢救性保护

云南省根据资源特性和状况采取多种方式开展抢救性保护。一是及时入库圃保护。按照本行动总体要求，8416份资源及时入国家库圃保存；对于籽粒型的种质云南省采取繁殖更新后入中期库保存的方式；对于多年生作物，如野生稻、茶树、甘蔗等，云南省采取枝条入省级圃保存。二是实施参与性抢救保护行动。各县（市、区）积极收集面临消失的种质资源，采取因地制宜的抢救性保护措施。元阳县自2021年起，对收集到的10种水稻资源进行了种植保护，还选择了地方品种资源玉米品种10份，水稻品种25份，在入国家库的同时也入了云南省省级农作物种质资源红河库，由州农科院组织开展资源鉴定、繁育等工作。洱源县2018—2021年持续实施“洱源玉米地方品种及小红谷种质资源抢救性提纯复壮”工作，调查队员跋山涉水，以辗转走访的形式，踏遍了全县9个乡镇90个村委会深入山间地头实地落实查找，从高海拔、气候冷凉的凤羽镇庄上村农户手中收集到2个具有特异性的小红谷地方品种（红壳小红谷、黄壳小红谷）。采用水稻优良单株选择提纯复壮技术与水稻生态种植技术有机结合在凤羽镇庄上村委会金禾组实施提复工作，并各取红壳小红谷、黄壳小红谷0.8kg征集样品上交国家种质资源库保存。2021年，元江县羊街乡坝木村农户自发成立元江阿郎邦克农业科技有限公司，种植和经营两个当地的地方水稻品种蚂蚱谷、红河紫谷。截至2022年9月8日，订购水稻相关产品金额达8万余元，带动其他村办公司，形成自有村集体经济产业，有力保护了两个地方品种，实现强村富民，全面助推乡村振兴发展。三是政府挂牌保护。临沧市人民政府将以白莺山村为核心的12400亩古茶园列入临沧市第一批栽培型古茶园保护名录，保护范围覆盖白莺山村和核桃林村2个行政村25个村民小组，其中，划定核心保护区面积810亩，重点进行挂牌保护。华宁柿子已有几百年的种植历史，以早熟、质脆味甜闻名，被列为三级保护古树，其中的16株华宁柿子被华宁县政府挂牌保护。

第三章

优异地方品种

生产中的

本章将详细描述生产上在利用的优异地方品种资源194份，其中，粮食作物品种51份、经济作物品种36份、蔬菜作物品种28份、果树作物品种63份、牧草绿肥品种14份、其他作物品种2份。欲获取每份品种的更多信息，可以发送邮件至yangyayun2002@163.com。

PART 01

一、粮食作物

1

攀天阁老黑谷

种质名称

攀天阁老黑谷

采集编号

2021532629

学名

稻*Oryza sativa* L.

来源地

云南省迪庆州维西县

提供者信息

和正华，男

【主要特征特性】“老黑谷”属高海拔粳稻类黑谷型品种，根系较稀，种根较长，12cm左右。分蘖力弱，株高60～70cm。剑叶长20cm，剑叶宽1cm，剑叶直立。穗长12.4～15.4cm，籽粒大，千粒重22.6g。亩产225kg。谷壳外表茸毛多呈黑色，粒型椭圆，该品种抗逆性强，不耐肥而耐贫瘠、耐低温，抗病、抗虫能力强。生育期长，每年3—4月播种育秧，5月上旬栽秧，10月上旬收割，主要种植在海拔2680m的坝区。

【优异性状】米壳呈黑色，米粒润红饱满，味道醇香，香糯可口，营养丰富，具有富含多种氨基酸、多酚，黄酮含量高的特点。

【相关故事或传说】“老黑谷”的名字由来已久，1253年，忽必烈率军10万联合兀良合台总督攻打大理国，战败后，残余部队四处逃亡，其中一小部分逃至天湖（原攀天阁坝子为高山湖泊）边居住。一天，随带牧犬衔来了一棵通体黑亮的谷穗，大家把它种在湖边，当年便有收获。靠这奇来的谷种，余部慢慢壮大，形成了一个族群——西番（普米族），并开启了世界高海拔产稻区的大门。清光绪年间，广西冯舜生奉命管辖维西，带领攀天阁牧场周边群众，把攀天阁坝子高山湖泊水引泄出去，开垦水田，并开始种植水稻“老黑谷”。正如当地民谣“迷人不过攀天阁，稀奇不过老黑谷”，因产量有限，许多人没吃过“老黑谷”，甚至传说吃过“老黑谷”的人能在过世后上天堂，可见其价值之宝贵。

【开发与利用情况】2022年，“老黑谷”被农业农村部列为“农作物十大优异种质资源”之一，地域特色鲜明，营养价值丰富，蕴含着千百年来高原农耕文明的思想智慧和生态文化，对于丰富人

民群众的“米袋子”有着重要意义。2013年，攀天阁老黑谷米荣获云南粮油协会“放心粮油”称号。2016年，举办了第一届“黑谷”文化旅游节，并将每年的10月2日定为“黑谷”文化旅游节，进一步提升“老黑谷”品牌价值。同年，“老黑谷”米被认定为绿色食品A级产品，许可使用绿色食品标志并获得绿色食品证书。

【保护措施】一是切实加强种质资源保护。攀天阁老黑谷作为世界种植水稻最高海拔品种，始种于元朝末年至清光绪年间，至今300余年。老黑谷由于抗逆性强，米质优口感好，一直被食客所追捧，它是滇西北高海拔地方黑谷良种，是进行水稻优质性状育种的最佳亲本。二是利用土壤普查成果，积极推进效益农业建设。依靠科技进步，提高老黑谷单产，适当扩大种植面积，实现老黑谷种植规模化。在保证粮食自给的前提下，不断提高老黑谷米的商品率，不断增加种植户经济收入，实现产业提质增效。三是依托“老黑谷”品牌实施农旅融合开发特色民族文化资源。通过对攀天阁老黑谷地理标志产品的保护开发利用，在深度挖掘普米族等特色民族文化和老黑谷种植历史文化，修复和完善老黑谷种植区域配套设施的基础上，以民风民俗和特色佳肴为载体，开发旅游产品，为打造“三江并流·世界种植水稻最高海拔旅游区”创造条件，逐步形成一、二、三产业融合的特色产业发展模式。不断提升老黑谷知名度，全面带动区域农特产品走向大市场，提高特色产业的竞争力，增加当地群众收入。

2

南涧红麻线

种质名称

南涧红麻线

采集编号

2022535009

学名

稻*Oryza sativa* L.

来源地

云南省大理州南涧县

提供者信息

陈美香，女

【主要特征特性】南涧地方品种。茎秆直立，种皮红色，株高130cm，穗长40cm。叶鞘黄色，叶片茸毛浓密，剑叶平展，叶耳绿色，叶舌尖渐尖。颖尖白色。花药中长，白色，柱头白色。

【优异特性】耐贫瘠、抗病、营养丰富，富含蛋白质、糖类、膳食纤维、磷、铁、铜、维生素A、维生素B、维生素C等。

【相关故事或传说】南涧红麻线红米种植历史悠久，有“割肉救母，血染稻种”的传奇故事，相传，有一家母子俩相依为命过日子，家里很穷，母亲年老体弱，在家料理家务，儿子每天早出晚归，不是上山砍柴，就是下地干活，日子过得很艰苦，但也安安乐乐的。不料母亲因年老多病，加上生活寒苦，病倒以后竟数月没有起床。儿子心里很着急，他发誓，克服种种困难，想尽千方百计，也一定要救活养育自己长大又与自己同甘共苦、相依为命的老母亲。但“三文钱真难倒了个英雄汉”，摸摸口袋，自己一文不沾身啊！没有钱，怎能买回母亲需要的东西呢？想来想去没办法，看着躺在床上的母亲枯瘦的面孔，堂堂男子汉急得哭了起来。忽然，他灵机一动，自己腿上长的不是肉吗？他转而高兴了。为了救母亲，他宁愿割肉救母。于是，他到了祖宗灵位前磕了头，咬紧牙关，闭上眼睛，一刀下去，自己腿上半斤左右的一块肉割了下来，孝子为救母，竟割了自己身上的肉，这事感天动地，也感动了人们，所以那时大家就把这个小村庄太平村命名为“割救母”村。

割肉救母、血染稻种——话说儿子流下的鲜血染红了旁边的稻种，他就把自己身上割下的肉和鲜

血染红的稻种舂成米煮给母亲吃了。染红鲜血的稻种舂成的米，带有红红的血丝，宛如红麻线，所以太平红米又叫太平红麻线、割救母红麻线。鲜血染红的稻种也以敬孝之意随着村名一直流传下来，直到现在，割救母村逢年过节都要到祖宗灵前放一块猪肉（代替儿子身上的肉）、一碗滴有鸡血的米（把杀鸡的鸡血，代替儿子割肉流下的鲜血）祭祀祖先，叫作“领生”。太平人民也不管产量的高低，一直把红麻线的种植，代代相传下去。

【开发与利用情况】2022年，太平村的土地整治项目打造了万亩生态红米种植基地。由有实力的公司经土地流转，统一种植，打造品牌，统一销售，为太平村乡村振兴培育致富产业。

【保护措施】传统文化驱动农民自发种植。政府着力打造相关产业。

3
八宝大白谷

种质名称

八宝大白谷

采集编号

P532627015

学名

稻*Oryza sativa* L.

来源地

云南省文山州广南县

提供者信息

蒙礼旭，男

【主要特征特性】八宝大白谷俗称“八宝谷”，全生育期180天，株高150cm，株型高散。叶色淡绿，剑叶长56cm，剑叶宽2.1cm。穗长20～24.5cm，单株有效穗7～10穗，平均每穗粒数130～140粒。谷粒长7mm，宽3mm，千粒重29.2～30g，易倒伏、产量偏低（平均单产250kg），谷壳呈淡黄色，颗粒饱满，易脱粒，谷粒略带短芒。八宝米米粒呈椭圆形，有光泽，米粒雪白微青。

【相关故事或传说】关于八宝米的来源有一段神奇美丽的传说。相传在远古时候，有一年夏天，突然天地干裂，河水枯竭。眼看绿油油的秧苗即将枯死，百姓心急如焚，痛哭于田间地里，纷纷祈求龙王下雨救活秧苗。这时，一位美丽的仙女从此经过，她见老百姓哭得那么伤心，脸色显得那样的凄惨，于是问其缘由。百姓将灾情一一托出。仙女先是听而不答，然后变为年长者到坡现、坝龙、同迫村一带乞讨。壮族人民向来心地善良，见其年迈可怜，纷纷省口饿肚，接济老者。仙女深深地被壮家人民的善举所感动，于是摇身一变恢复原样，告诉壮家人民：“我本仙女下凡，既然上苍不降雨水，秧苗难保，我愿以自己的乳汁和血液浇灌田地。”说完走出村寨，向沿河的稻田走去，并边走边挤出自己的乳汁，让雪白的乳汁一滴滴地滴到田里。由于乳汁有限，越挤越少，开始洁白，渐而变淡，到了中午，乳汁便挤干了。仙女见还有一些田块尚未浇灌，于是继续行走，同样边走边挤，直至乳干血尽为止。经过仙女的乳汁和血液浇灌后，那一年粮食得到了大丰收。所不同的是，开始滴过仙女乳汁的地方米色特别雪白，味道特别芳香回甜；凡滴过仙女血液的地方米色鲜红，这就是后来人们叫的红

米，味道稍逊。从此，八宝地区的米质品味一直按先后洒过仙女乳汁和血液的区域相传了一代又一代，直到现在。

【优异性状】粒大，具有食味香甜、饭粒软柔、糯而不腻、富有弹性、冷不回生等特点。

【开发与利用情况】该品种因产量偏低、品质退化、投入与产出不成正比，多数群众放弃种植，导致八宝谷栽种面积不断减少，处于濒临灭绝边缘。

【保护措施】为充分利用八宝谷的品质特点和品牌优势，20世纪90年代，文山州农科所以八宝谷为母本、滇瑞408为父本成功选育出文稻1号和文稻2号，并得到广泛推广运用。进入21世纪，广南县八宝米研究所又以八宝谷为母本、广稻2号为父本，成功选育出八宝谷2号、7号。八宝谷2号2016年1月通过审定，在全省推广约达10.23万亩；八宝谷7号2018年1月通过审定，在全省推广约达9.35万亩。广南县以八宝谷为母本的选种、育种、推广工作正在有序地推进中。2016年9月，八宝米被列为云南省“六大名米”之一。

4 龙香旱谷

种质名称

龙香旱谷

采集编号

P532823050

学名

稻*Oryza sativa* L.

来源地

云南省西双版纳州勐腊县

提供者信息

张正禹，男

【主要特征特性】茎秆直立，株高100cm。叶鞘松弛，叶舌披针形，长20cm，两侧基部下延长成叶鞘边缘，具2枚镰形抱茎的叶耳，叶片线状披针形，剑叶长40cm，剑叶宽1cm。

【优异特性】香软可口，香味浓郁，冷不回生，适应性强。

【开发与利用情况】以“企业+合作社+农户”的形式开发龙香旱谷，打造中老边境优质香软米特色品牌，依托中老口岸经济，为边疆农民找到一条增产增收的共赢发展之路。同时，提高边境农民的种粮积极性和增加农民收入，确保粮食安全，为边疆稳定发展奠定坚实的基础。

磨憨镇磨龙村龙塘老寨四面环山，山的另一面就属于老挝，是真正的中老边境线，山上就是原始森林，在半山腰稻田下边的沼泽地里自然形成了十里龙塘，整体面貌犹如一块翠碧中间嵌着一颗珍珠，龙塘粼粼波光在阳光下就像是珍珠流光溢彩，珍珠的四周还镶着金边，那是丰收的稻田，稻田连绵成片与背山的原始森林交相辉映，在这片稻田里就自然形成了这个特有的优质香软稻品种——龙香旱谷。目前，也只在龙塘村种植有100多亩龙香旱谷。在如此优美的自然环境下生产出来的生态优质稻米是极其珍贵和稀有的，同时，也要感谢当地民族先民为我们留下了这一珍贵的稻种资源。

2022年11月8日，中国工程院刘旭院士带队到龙塘考察，刘院士赞叹龙塘生态保护有力，注重留存保护本地香稻品种，为国家种质资源保护贡献了一份力量，并欣然提笔为该品种命名为“龙香旱谷”。

【保护措施】因该品种香软可口，香味浓郁，冷不回生，深受老百姓喜欢而自发种植。

种好中国粮 端稳中国碗

5

小白酒谷

种质名称

小白酒谷

采集编号

2022537029

学名

稻*Oryza sativa* L.

来源地

云南省昭通市大关县

提供者信息

罗德永，女

【主要特征特性】茎秆直立，株高150cm。叶片绿色，叶鞘绿色，叶片茸毛浓密，剑叶角度中间型，叶耳无色，叶舌尖二裂，叶枕绿色。颖尖黄色，护颖中长。花药黄色，柱头黄色。

【优异特性】抗病、虫害，耐贫瘠，耐旱，具有糯性好、口感佳的特点。

【开发与利用情况】适宜在海拔1000～1500m的半山气候种植，当地特有、特优地方品种，种植历史100年以上。可做八宝饭或打成米粉做汤圆，所做的八宝饭和汤圆香、软、糯，其糯米及糯米粉市场价值较高。

【保护措施】因该品种糯性好、口感佳，深受当地老百姓喜欢，农民自发种植。

6

毛黑糯

种质名称

毛黑糯

采集编号

2021532055

学名

稻*Oryza sativa* L.

来源地

云南省保山市龙陵县

提供者信息

黄金龙，男

【主要特征特性】花青素含量高，稻壳、茎秆、种皮均为黑色。

【优异特性】株型好、产量高、田间不发病。

【开发与利用情况】紫米营养价值高，健脾益胃、补血养血。抗性好，田间无病害和虫害，平均亩产400kg，花青素含量高，稻壳、茎秆、种皮均为黑色，可用于观赏稻，是水稻遗传改良的重要资源。通过提纯复壮，配套精确定量栽培技术等，可进一步提升产量，发展黑米产业。

【保护措施】因其产量高，农民自发种植。

7

矮秆饵丝谷

种质名称

矮秆饵丝谷

采集编号

2021532067

学名

稻*Oryza sativa* L.

来源地

云南省保山市龙陵县

提供者信息

李富权，男

【主要特征特性】株高110cm，穗长30cm，易倒伏，平均亩产450kg。

【优异特性】产量较高。

【开发与利用情况】该品种主要种植于龙陵县海拔1400m以下的区域，较腾冲饵丝谷株高降低了50cm，产量较腾冲饵丝谷高出50～100kg/亩。用来做饵丝，在当地很受欢迎，并建设有简易加工生产线。通过提纯复壮，优化栽培技术，由龙头企业开发饵丝，可促进当地饵丝产业发展。

【保护措施】因该品种做的饵丝口感好，农民自发种植。

8

黑糯

种质名称

黑糯

采集编号

2022539054

学名

稻*Oryza sativa* L.

来源地

云南省红河州绿春县

提供者信息

李规抽，女

【主要特征特性】该品种株高135cm，穗长18cm，种皮黑色。叶鞘紫色，叶片茸毛浓密，叶枕浅紫色。护颖短，白色。花药中长，白色，柱头黑色。

【优异特性】抗病、虫，糯性好。

【开发与利用情况】用于哈尼族“十月年”和“火把节”重要节日所需糯米饭，也是祭祖的黑五类食物之一，可用于黑米遗传改良资源。

【保护措施】哈尼族传统节日所需的品种，农民自发种植。

9

紫糯

种质名称

紫糯

采集编号

2022539062

学名

稻*Oryza sativa* L

来源地

云南省红河州绿春县

提供者信息

李九仁，男

【主要特征特性】该品种株高145cm，穗长29cm，种皮紫黑色，穗型中间型，穗下垂。叶鞘绿色，叶片茸毛疏，叶耳白色，叶枕绿色。茎秆绿色。护颖短、白色。花药中长、白色，柱头白色。轻感稻瘟病。

【优异特性】糯性好。

【开发与利用情况】用于制作哈尼族“十月年”和“火把节”等重要节日所需的糯米饭。可用作特种米遗传改良资源。

【保护措施】因该品种糯性好，当地老百姓爱吃糯米饭，是哈尼族传统节日所需的品种，农民自发种植。

10
永善本地高秆糯谷

种质名称

永善本地高秆糯谷

采集编号

P530625017

学名

稻*Oryza sativa* L.

来源地

云南省昭通市永善县

提供者信息

彭安银，男

【主要特征特性】永善高秆糯谷种植已有100多年的历史。植株高130m左右，单株3～5个分蘖，单穗粒数130～150粒，有芒。亩产400kg左右。

【优异特性】耐贫瘠、抗性强、营养和食疗价值高，含丰富的蛋白质、钙质、维生素，食用可补中益气，有健脾暖胃、增强免疫力等作用。

【开发与利用情况】在永善县海拔800～1300m的区域均有种植，尤其溪洛渡镇白沙村种植的品质最为出名。米粒短，制作出的粽子、糯米饭、汤圆、糍粑软糯香甜，售价比其他糯米品种价格高3～4倍，在当地农户家中就能售完，值得保护开发利用。

【保护措施】因其产量高、宜为加工品，稻米价格高、产值高，农民自发种植。

11

元阳月亮谷

种质名称

月亮谷

采集编号

P532528005

学名

稻*Oryza sativa* L.

来源地

云南省红河州元阳县

提供者信息

高农发，男

【主要特征特性】 月亮谷是元阳县水稻地方品种中的一个品种，属红米，有上百年的栽培历史，因成熟时稻穗像月亮而得名。主要栽种在元阳县海拔1700m左右的水田上，一般3月初播种，4月底5月初移栽，9月底10月初收割，常年种植。全生育期196天，株高141cm，穗长20.9cm，平均穗粒数146.7粒，平均穗实粒数127.6粒，结实率87%，千粒重24.6g。株型适中，茎秆粗，剑叶角度直立，分蘖力稍差。叶色绿色，叶鞘、叶缘绿色，叶耳、叶舌无色。稻穗着粒密度较高，谷粒无芒，落粒性适中。

【优异特性】 含多种微量元素、氨基酸。植株高，易倒伏，抗性差，产量低，亩产约300kg。耐深水种植。

【开发与利用情况】 一是以月亮谷为底盘材料，利用有利的遗传基因，开展种质创新，选育新品种。二是以月亮谷为原料，开发红米系列产品，如红米米线、红米酒等。三是红米市场销售价比其他白米品种高，可增加农户的收入，带动农户积极种植。元阳县政府引进企业，支持月亮谷品种的提纯复壮、稻谷收购，保护农户种植的积极性。

【保护措施】 元阳县政府将种植该品种作为保护元阳哈尼梯田世界文化遗产的重要内容。该品种承载着当地哈尼族的传统文化，受到哈尼族群众自发保护。该品种能适应梯田生产环境，且当地老百姓喜欢吃红米，农民自愿种植。

12

镰刀谷

种质名称

镰刀谷

采集编号

P530925042

学名

稻*Oryza sativa* L.

来源地（采集地）

云南省临沧市双江县

提供者信息

李小二，女

【主要特征特性】该品种是地方优质、珍贵的旱稻种质资源。收集地海拔1745.4m，属温带气候带，红壤。种皮红色，糯性。穗型密集，穗粒下垂。叶鞘黄色，叶片绿色，叶片茸毛密，叶耳黄色，叶舌二裂。花药黄色，柱头白色。该品种当地俗称“镰刀谷”“旱谷”“红米”。

【优异性状】抗病、抗旱和耐贫瘠。长期以来深受当地人民的欢迎，被当地人视为稻米中的“极品”。

【开发与利用情况】20世纪七八十年代，当地都作为一种上等米，山里人一般都是下坝走亲戚时作为一种贵重礼物来赠送。尽管该品种价格可卖到4元/kg，但因为产量低（亩产150kg～250kg），种植农户逐年减少。当地人认为该品种是目前超市里的红米都无法相比的珍稀米。

【保护措施】种植该品种的面积越来越小，现已入云南省作物种质资源库保存。建议当地应加强品种的提纯复壮、提高种植生产水平。

13
夕阳香糯

种质名称

夕阳香糯

采集编号

P530122001

学名

稻*Oryza sativa* L.

来源地

云南省昆明市晋宁区

提供者信息

李学华，男

【主要特征特性】夕阳香糯在晋宁区夕阳彝族乡已有100年以上的种植历史，为常规粳型糯稻，因其品质优异，一直被当地彝族群众传承种植。该品种适宜在海拔1450～1750m的区域种植。以夕阳乡田房、新山、夕阳3个村委会梯田种植的品质最优。株高145～198cm，易倒伏，分蘖力弱。穗长24～28cm，平均穗粒数250～260粒，千粒重高达36～37g，谷粒黄色。颖尖褐色。无芒或顶芒。一般亩产450～550kg。

【优异性状】粒大、色泽白润、香味浓郁、糯性好和食味极佳。

【开发与利用情况】夕阳香糯米是晋宁知名的地方特产，为“夕阳三宝”之首，是晋宁当地群众馈赠亲友的首选，是糯米中的珍品。与普通糯米相比，具有较好的价格优势，2022年的市场价格为17元/kg左右。

【保护措施】已获国家地理标志认证。作为地方特色产品开发生产。当前，每年种植面积为800～1000亩。

14 勐统冬谷

种质名称

勐统冬谷

采集编号

P530524002

学名

稻*Oryza sativa* L.

来源地

云南省保山市昌宁县

提供者信息

字正堂，男

【主要特征特性】勐统冬谷是当地的一种传统水稻品种，种植的历史非常悠久，延续至今至少几百年，过去当地有钱人家和长寿老人都吃冬谷米。其特点是稻秆较高，最高可达2m，谷壳赤色，米粒细小呈蜡黄色，生米清香，煮熟后香味浓而持久，劲道、黏性好、清香，食之润滑可口，回味悠长，是土司贡米（进贡皇帝的贡米）。该品种生育期比较长，比一般的稻谷要晚熟50多天，要到秋末冬初的时候才成熟，因此当地人就叫它冬谷。资料记载：冬谷又分大冬谷和小冬谷，小冬谷米米粒更细小，香味更浓郁。

【优异性状】品质较好，耐寒性强，抗旱性较好，耐涝性好。

【开发与利用情况】冬谷米品质好，虽然产量低，但仍有农户自发种植。它主要用于春节过年舂粑粑，是相当好的食材；因此零散售卖，价格在26元/kg，价格高的时候到40多元/kg。

【保护措施】为打造特色“冬谷米”品牌，冬谷米已在适宜的农田逐步恢复种植，已入云南省作物种质资源库保存。米质好，抗病性、耐寒性强，抗旱性、耐涝性、高秆等特性可以为育种利用。

15
甸中大白糯

种质名称

甸中大白糯

采集编号

P532427010

学名

稻*Oryza sativa* L.

来源地

云南省玉溪市峨山县

提供者信息

陶加富，男

【主要特征特性】甸中大白糯是一个地方品种。一年生禾本，株高140.9cm，穗长24cm，每穗实粒数109.7粒，每穗粒数130.9粒，结实率83.4%，千粒重29.8g。有芒，芒长0.2～1.5cm，芒紫色。壳黄色，护颖略呈紫色。粒大，落粒性极强，味香浓。分布于海拔1500～1700m的区域。

【优异性状】香气浓，糯性强，口感好。

【开发与利用情况】是一种优质、珍贵的地方品种资源，具有良好的开发与利用价值。

【保护措施】因其香气浓、糯性强、口感好，农户自发种植。现已入云南省作物种质资源库保存。

16

老来青

种质名称

老来青

采集编号

2022538519

学名

稻*Oryza sativa* L.

来源地

云南省文山州西畴县

提供者信息

余美存，女

【主要特征特性】老来青为云恢290系统选育而成，为籼型常规水稻品种。适宜云南省海拔1450m以下的水稻区域种植。该品种在当地种植约有20年以上的历史，产量中等、品质优，生育期较长，种植管理水平要求较高，贪青晚熟，故群众称老来青。该品种株高95～110cm，谷粒细长、稍有顶芒，米粒乳白色。全生育期160～175天，株型紧束，不早衰，糙米率76.1%，精米率63.2%，整精米率57.3%，直链淀粉含量19%，胶稠度74mm，粗蛋白质含量8.5%，总淀粉含量79.4%，垩白面积0。产量表现良好，1999—2000年参加云南省区试，平均亩产472.5kg。

【优异性状】抗倒伏，落黄好，易脱粒，抗稻瘟病和白叶枯病，中抗纹枯病和稻曲病。品质较好，食味滋润可口带有回甜的清香味，冷不回生，油亮光滑。

【开发与利用情况】该品种是西畴县重点打造的“新马街”香米品种，目前全县种植2500亩左右，市场价格10元/kg。

【保护措施】因其冷不回生、食味滋润可口，农民自发种植。现已入云南省作物种质资源库保存。

17

高寒黑谷

种质名称

高寒黑谷

采集编号

P532932024

学名

稻*Oryza sativa* L.

来源地

云南省大理州鹤庆县

提供者信息

字亨伟，男

【主要特征特性】高寒黑谷是地方品种，受到当地百姓喜爱；当地民间流传的一句古语“家里有个老人家，高寒黑谷必须有”。初加工产品“红米饵块”是地方特色的馈赠佳品。该品种分蘖力弱，谷粒黑色、米粒紫红色，营养丰富品质好。

【优异性状】抗旱能力极强、抗病性强和耐贫瘠、秧龄弹性大。

【开发与利用情况】利用其抗性强、生长环境无污染，整个生育期不施用农药的生产方式，进行了“有机食品”认证；利用其品质好，米粒紫红色的特性，可进行特色食品加工。

【保护措施】因其营养丰富、品质好，农户自发种植。现已入云南省作物种质资源库保存。

18

东岭花谷

种质名称

东岭花谷

采集编号

P532931027

学名

稻*Oryza sativa* L.

来源地

云南省大理州剑川县

提供者信息

杨庆广，男

【主要特征特性】东岭花谷是剑川县地方高寒常规粳稻品种，全生育期126天。剑叶宽大，株型披散，叶色淡绿，株高130cm。亩最高茎蘖数26万，有效穗20万穗，穗长20～22cm，每穗总粒数90～110粒，实粒数60～80粒，谷粒长条形，呈紫褐色，千粒重26.5g。一般亩产约400kg。

【优异性状】耐寒性强，耐贫瘠。

【开发与利用情况】该地方品种是一种加工型水稻品种，市场价比其他品种高出2.6元/kg，其大米加工成的米线、饵丝和饵块口感较好，目前已由滇理白家进行综合开发，市场前景广阔。

【保护措施】因其加工成的米线、饵丝和饵块口感较好，售价较高，农户自发种植。

剑川
农产品
NONG CHAN PIN
高原食材
剑川特产
源自高原食材　地道美味自然
产地剑川
花谷饵丝
食用方法

19
安龙堡爆花玉米

种质名称

安龙堡爆花玉米

采集编号

P532322012

学名

玉蜀黍*Zea mays* L.

来源地

云南省楚雄州双柏县

提供者信息

任兰英，女

【主要特征特性】一年生高大草本。茎秆直立，通常不分枝，高1～4m，基部各节具气生支柱根。叶鞘具横脉，叶舌膜质，长约2mm，叶片扁平宽大，线状披针形，基部圆形呈耳状，无毛或具疵柔毛，中脉粗壮，边缘微粗糙。顶生雄性圆锥花序大型，主轴与总状花序轴及其腋间均被细柔毛，雄性小穗孪生，长达1cm，小穗柄一长一短，分别长1～2mm及2～4mm，被细柔毛；两颖近等长，膜质，约具10脉，被纤毛，外稃及内稃透明膜质，稍短于颖，花药橙黄色，长约5mm。雌花序被多数宽大的鞘状苞片所包藏，雌小穗孪生，成16～30纵行排列于粗壮之序轴上，两颖等长，宽大，无脉，具纤毛；外稃及内稃透明膜质，雌蕊具极长而细弱的线形花柱。颖果球形或扁球形，成熟后露出颖片和稃片之外，其大小随生长条件不同而产生差异，一般长5～10mm，宽略大于其长，胚长为颖果的1/2～2/3。安龙堡爆花玉米粒呈黄色，籽粒偏小但饱满，质地坚硬，当其籽粒含水量适当时，在常压下的加热过程中能够直接炒制形成爆米花，味道醇香，口感好，营养丰富，主要种植在海拔1860m的山区。每年4—5月下种，9月收获，生长环境纯天然，无污染，种植方式粗放，保证了安龙堡爆花玉米的健康品质。

【优异特性】该玉米地方品种具有爆裂性和很好的抗旱、耐贫瘠、耐粗放等生长特性。

【相关传说】据传，早期双柏当地农民在种植玉米的过程中，偶然发现了一些玉米粒加热到一定温度时，或在炒制过程中会直接爆裂成玉米花。这个发现引起了村民们的兴趣，经过多次尝试和改良，逐渐形成了独特的爆花玉米品种。一直以来，虽然安龙堡爆花玉米的玉米棒和籽粒偏小，产量一般，但由于其制作爆米花的成功率极高，一直是当地人佐酒待客的佳肴之一，在当地流传种植。

【开发与利用情况】安龙堡爆花玉米极受当地人喜爱，具有爆裂属性，该资源的收集可以进一步丰富我国爆裂玉米资源库，使这一优异资源走出双柏县，走向更广阔的研究领域和使用范围。

【保护措施】因其在常压下加热过程中能够直接炒制形成爆米花，且味道醇香，受到当地人喜爱，成为当地人佐酒待客的佳肴之一，农民自发种植。

20

白糯玉米

种质名称

白糯玉米

采集编号

P530925002

学名

玉蜀黍*Zea mays* L.

来源地

云南省临沧市双江县

提供者信息

钟德明，男

【主要特征特性】一年生作物，有性繁殖，属禾本科Poaceae，玉蜀黍属*Zea*，玉蜀黍*Zea mays*。该品种在当地俗称为“白糯玉米”，几十年来深得当地农户们的喜欢。生长于海拔1895.7m、温带气候带、红壤区域。植株高5m，穗位高2.5m。

【优异性状】品质优、糯性好、香气足。

【开发与利用情况】白糯玉米，品质优、黏性好、香气足，是珍贵的糯玉米种质资源材料，具有良好的科研和开发与利用价值。

【保护措施】虽然价格高但产量低，自20世纪90年代中后期杂交玉米上山后，只有零星种植，现已处于濒危状态。该品种应该设点、分户重点保护，同时进行栽培技术指导。此外，与本地超市建立订单收购关系，提高单价，增加农民收入，使当地优良老品种得以延续。

21
晋宁二街白包谷

种质名称

晋宁二街白包谷

采集编号

P530122034

学名

玉蜀黍*Zea mays* L.

来源地

云南省昆明市晋宁区

提供者信息

沈竹芬，女

【主要特征特性】晋宁二街白包谷株高180～230cm，籽粒白色，穗轴白色至淡白褐色，穗行数8～12行，千粒重395g。品质好、食味极佳，抗病性好、适应性广。植株有两种表现型，一种茎秆上叶片包鞘、雌穗包叶、雄穗都是红褐色，雌穗花丝粉红色；另一种茎秆上叶片包鞘、雌穗包叶绿色，雄穗白色，颖尖淡褐色，雌穗花丝白色。一般亩产350～400kg。该品种适宜在海拔1800～2300m的区域种植。

【优异性状】食味极佳。具有优质、抗病、广适和耐寒的特点。

【开发与利用情况】晋宁二街白包谷是晋宁区古老地方品种，具有品质好、食味极佳、抗病性好、适应性广、耐寒的特点，对于农作物育种有较高的开发与利用价值。

【保护措施】因该老品种玉米食味极佳，农民自发种植。

22

宣威小红包谷

种质名称

宣威小红包谷

采集编号

P530381149

学名

玉蜀黍*Zea mays* L.

来源地

云南省曲靖市宣威市

提供者信息

朱学坤，男

【主要特征特性】该品种株型披散，株高275cm，穗位140cm，雄穗分枝13枝，籽粒红色，穗轴白色，硬粒型，穗长18.2cm，穗粗4.1cm，行粒数12行，品质优，果穗色彩鲜艳。

【优异性状】品质佳，色泽好和抗性强。

【开发与利用情况】该资源具有食用和观赏价值，作为一个特殊植物品种保护。

【保护措施】因其品质优、果穗色彩鲜艳，农民自愿种植。

23
写字包谷

种质名称

写字包谷

采集编号

P530381034

学名

玉蜀黍*Zea mays* L.

来源地

云南省曲靖市宣威市

提供者信息

吴克升，男

【主要特征特性】西泽写字包谷是玉米的一种特殊类型，其籽粒角质层不同程度地沉淀色素，籽粒橘黄色，马齿形，并带有红色条纹，轴白色。西泽写字包谷在本地春播全生育期150天左右，株高210cm，穗位高150cm，亩植3500株的密度下，干籽亩产550kg左右。

【优异性状】籽粒富含水溶性天然色素及各种人体必需的微量元素、植物蛋白质和各种氨基酸。

【开发与利用情况】营养含量明显高于其他谷类作物，属地方偶见稀缺资源。

【保护措施】因产量较高，农民自发种植。

24
光头大麦

种质名称

光头大麦

采集编号

2021531600

学名

大麦*Hordeum vulgare* L.

来源地

云南省昆明市禄劝县

提供者信息

张光志，男

【主要特征特性】一年生，茎秆粗壮，光滑无毛，直立，高50～100cm。叶鞘松弛抱茎，多无毛或基部具柔毛；两侧有两披针形叶耳；叶舌膜质，长1～2mm；叶片长9～20cm，宽7～20mm，扁平。穗状花序长3～8cm（芒除外），径约1.5cm，小穗稠密，每节着生3枚发育的小穗；小穗均无柄，长1～1.5cm（芒除外）；颖线状披针形，外被短柔毛，先端常延伸为8～14mm的芒；外稃具5条脉，先端延伸成芒，芒长8～15cm，边棱具细刺；内稃与外稃几乎等长。颖果成熟时黏着于稃内，不脱出。

【优异特性】耐贫瘠、生物量高。

【开发与利用情况】光头大麦为无芒大麦，通常大麦多为有芒。大麦苗是冬季高海拔地区重要的青饲料来源，收获后的麦粒是制作高蛋白麦芽粉、麦精及谷物糖浆的原料。光头大麦具有较强的分蘖力，可用于育种。

由于云南省高海拔地区冬季气温低，多数作物不适于生长，故有种植大麦作为冬季青饲料，而光头大麦早熟，耐贫瘠，前期分蘖力强，适口性好，营养价值高，所以一直得以种植保留。

【保护措施】因其早熟、耐贫瘠、适口性好、营养价值高，农民自发种植。

25
红芒小麦

种质名称

红芒小麦

采集编号

P530381129

学名

小麦*Triticum aestivum* L.

来源地

云南省曲靖市宣威市

提供者信息

邢显登，男

【主要特征特性】地方优良品种，撒播或点播，9月中下旬至10月上旬播种，次年4月下旬前后成熟，成熟时果穗有青红或紫红色麦芒；植株高70cm，千粒重约36g，正常情况亩产约160kg，产量低；海拔1400～2200m的区域均可种植，生长健壮，籽粒呈暗褐色，粒硬，可作为多种面食产品或农副食品的加工原料。

【优异性状】香味浓，面筋含量高，适口性较好，适应性强，不易倒伏。

【开发与利用情况】富含淀粉、蛋白质、脂肪、糖类和钾、钙、磷、铁等微量元素，属偏碱性食物，所含糖分中多为果糖和葡萄糖，可作主食或加工成各类面食产品。2020年，种植0.22万亩，占比约40%；产量达3.5万kg，产值达281万元。

【保护措施】因其香味浓、面筋含量高、适口性较好，农民自发种植。

种作为原料酿造的焖锅酒是哈尼族宴请宾客时的上品。焖锅酒清香醇正、回味甘甜，深受哈尼族人的喜爱和市场青睐。是当地乡村振兴中值得培育的一个特色产业。

【保护措施】因其品质优、出酒率高，农民自发种植。

27 黄糯高粱

种质名称

黄糯高粱

采集编号

2021531684

学名

高粱*Sorghum bicolor*（L.）Moench

来源地

云南省昆明市禄劝县

提供者信息

张国芬，女

【主要特征特性】主要种植于海拔1618m的干热河谷旱地，耐旱。每年5月下旬播种，10月下旬收获。该资源为当地酿酒的主要原料，酿制的酒香气浓郁，深受当地农民喜欢。东德镇太平村顾家洼子地处金沙江边，而且当地少数民族居多，喜欢饮酒，由于当地水质好，“黄糯高粱”非常适宜当地气候，酿制出来的酒香气浓郁，就形成了种植高粱的传统。中熟，株高约250cm，穗形呈扫把状，籽粒金黄色。

【优异特性】耐旱、抗病、高产，所酿酒香气浓郁。

【开发与利用情况】“黄糯高粱”籽粒呈金黄色，穗形呈扫把形状，富含糖类、蛋白质、脂肪、烟酸及膳食纤维，直接食用有助消化，可加工醋、酿酒。

【保护措施】因当地少数民族居多，喜欢饮酒，而该品种高产，所酿酒香气浓郁，农民自发种植。种子已保存于云南省农作物种质资源库。

28

青龙高粱

种质名称

青龙高粱

采集编号

2022536708

学名

高粱*Sorghum bicolor*（L.）Moench

来源地

云南省楚雄州禄丰市

提供者信息

李尚学，男

【主要特征特性】青龙高粱在禄丰市已经种植60余年，目前，种植面积达到3000余亩。该品种在黑井镇全镇均有分布，海拔1500～1950m的区域均能种植，长势良好，当地种植基本是坡地。一年生草本，茎秆较粗壮，直立，高3m，基部节上具支撑根。叶鞘无毛或稍有白粉；叶舌硬膜质，先端圆，边缘有纤毛；叶片线形至线状披针形，长50cm，宽6cm，先端渐尖，基部圆或微呈耳形，表面暗绿色，背面淡绿色或有白粉，两面无毛，边缘软骨质，具微细小刺毛，中脉较宽，白色。该品种高粱亩产可达到400～500kg，青龙高粱的产量并未因长期在同一个地方种植而减产。因此，当地基本每家每户都会种植该品种。

【优异特性】具有高产、高抗等特点。

【开发与利用情况】由于当地大面积种植高粱，由此形成当地的酒文化。当地高粱主要用来酿酒，酒糟还可以用来喂养牲畜。正因为这个原因，当地虽然地处偏僻，但当地百姓的经济收入可观，脱贫攻坚工作非常好做，只要一家种上几亩高粱，年收入5万元是非常简单的事情。

该品种酿制的酒由于酒香浓郁、好喝，在当地供不应求，基本每年都会收购大量的高粱用来酿酒。因此，本地的高粱酒也比较出名，家家户户均要酿制几锅酒（每锅酒为50kg），而且以哪家酒多为荣。男女老少均有饮酒的习俗，据说女性坐月子期间都要喝掉几十千克酒，这也是闻所未闻。其他地方的人也都来这里买自酿的高粱酒，曾经红火一时的茅粮酒就是产自此地，由于当地人知道后断货才导致茅粮无酒可卖。

【保护措施】因该品种酿制的酒酒香浓郁、好喝，在当地供不应求，农民自发种植，种植面积比较大。

29
南涧小米

种质名称

南涧小米

采集编号

P532926002

学名

谷子*Setaria italica* L.

来源地

云南省大理州南涧县

提供者信息

陈美香，女

【主要特征特性】一年生草本，种植历史悠久，主要产自南涧镇太平村海拔1600～2000m的区域。秆粗壮、分蘖少。叶片狭长披针形，有明显的中脉和小脉，具有细毛。穗状圆锥花序，穗长20～30cm；小穗成簇聚生在三级支梗上，小穗基本有刺毛。每穗结实数百至上千粒，籽实极小，直径约1mm，谷穗一般成熟后金黄色，卵圆形籽实，粒小，多为黄色。

【优异特性】南涧小米呈金黄色，其营养丰富，富含蛋白质、淀粉、膳食纤维、维生素和微量元素等，小米粥有补脾胃、养肾、养心安神、美容养颜、滋阴养血的功效。

【开发与利用情况】与红薯、马铃薯、花生等做成不同类型的粉蒸，是南涧人民红白宴席不可缺少的一道菜，其口感软糯香甜、口味绝佳。秸秆营养丰富，是牛、羊、猪和驴的好饲料。南涧小米亩产约300kg，价格18～34元/kg，是太平村乡村振兴过程中值得培育的一个特色产业。

【**保护措施**】因小米是南涧县人民红白宴席不可缺少的一道菜的原料，且营养丰富，农民自发种植，仍有一定的种植面积。

30
兰坪花芸豆

种质名称

兰坪花芸豆

采集编号

2022535237

学名

多花菜豆*Phaseolus coccineus* L.

来源地

云南省怒江州兰坪县

提供者信息

蔡庭胜，男

【主要特征特性】多年生缠绕草本，在温带地区通常作一年生作物栽培，长可达5～7m。被毛或无毛。羽状复叶具3片小叶；托叶小，不显著；小叶卵形或卵状菱形，长7.5～12.5cm，宽有时过于长，先端渐尖或稍钝，两面被柔毛或无毛。花多朵生于总花梗上，排成总状花序。苞片长圆状披针形，通常和花梗等长，多少宿存，小苞片长圆状披针形，与花萼等长或较萼为长。花萼阔钟形，无毛或疏被长柔毛，萼齿远较萼管为短；花冠通常鲜红色，偶为白色，长1.5～2cm。荚果镰状长圆形，长5～30cm，宽约1.5cm；种子阔长圆形，长1.8～2.5cm，宽1.2～1.4cm，顶端钝，深紫色而具红斑、黑色或红色，稀为白色。

【优异特性】产量高，营养价值高，抗病、抗虫、抗旱。

【开发与利用情况】兰坪花芸豆是云南省怒江州兰坪县的特产，县内种植历史悠久。兰坪黑花芸豆具有色泽鲜艳、光泽度较好、籽粒饱满、营养丰富、品质优良的特点，具有健脾养肾、调养身体的作用，同时，对预防和治疗心血管疾病也有一定效果，是理想的保健食品。曾在1983年全国外贸出口展销会上被评为优质产品，荣获国家经贸部优质产品证书，主要出口日本和东南亚等国，出口量约占云南省出口总量的1/3。兰坪县山区、半山区森林覆盖率高达70%～80%，水质好，无污染，昼夜温差大，作物干物质积累量高，土壤多为沙壤土，自然和农业生态环境好，生态多样性较高，自然因素控害能力强，空气、水、土壤均无污染，非常适宜芸豆生长。

【保护措施】因其可食、药两用，农民自发种植；在市场需求拉动下，有较大的种植规模。

31

紫黑豆

种质名称

紫黑豆

采集编号

2021531634

学名

多花菜豆*Phaseolus coccineus* L.

来源地

云南省昆明市禄劝县

提供者信息

伍祖德，女

【主要特征特性】紫黑豆起源于墨西哥或中美洲，传入中国后，在云南省、贵州省、四川省等地早有栽培，具有粮食、蔬菜、饲料、肥料和观赏等用途。多年生缠绕草本，在温带地区通常作一年生作物栽培，长可达5～7m。被毛或无毛。羽状复叶具3片小叶，托叶小，不显著。小叶卵形或卵状菱形，长7.5～12.5cm，宽有时过于长，先端渐尖或稍钝，两面被柔毛或无毛。花多朵生于较叶为长的总花梗上，排成总状花序；苞片长圆状披针形，通常和花梗等长，多少宿存，小苞片长圆状披针形，与花萼等长或较萼为长。花萼阔钟形，无毛或疏被长柔毛，萼齿远较萼管为短，花冠通常鲜红色，偶为白色，长1.5～2cm。荚果镰状长圆形，长5~16（~30）cm，宽约1.5cm。种子阔长圆形，长1.8～2.5cm，宽1.2～1.4cm，顶端钝，深紫色而具红斑、黑色或红色，稀为白色。

【优异特性】耐贫瘠，不施肥、不打药均可生产，较为生态，青豆口感滑糯，好吃。

【开发与利用情况】紫黑豆属多花菜豆，蔓生，短日照，早熟，适合高海拔地区夏秋栽培，可鲜食，主要以种子食用为主，可进行深加工。紫黑豆为高蛋白、低脂肪的豆类作物，随着人们生活水平的提高，肥胖人群越来越多，对此类食品的需求也相应增加，如白芸豆成为出口欧洲的重要食品。云南省高海拔地区非常适合紫黑豆种植，可进行规模化开发种植，为我们提供高端的植物蛋白来源。

【保护措施】因其青豆口感滑糯、好吃，市场需求增加，农民自发种植；在市场需求拉动下，有较大的种植规模。

32

琅井利马豆

种质名称

琅井利马豆

采集编号

2022536709

学名

利马豆*Phaseolus lunatus* L.

来源地

云南省楚雄州禄丰市

提供者信息

胡从飞，男

【主要特征特性】琅井利马豆属于藤蔓型豆类，藤蔓可长达数米，在当地已有100余年的种植历史。大粒蔓生类型主根粗壮，小粒类型主根较弱。子叶出土，主茎分枝一般5～10个。直立型株高30～90cm，有限结荚习性。小叶为卵圆形、阔三角形、不整菱形或披针形。腋生总状花序，自花授粉。旗瓣多为灰绿色，偶有紫色，黄白色或紫红色。翼瓣白色，龙骨瓣和花柱螺旋状，荚扁平，长方形，有时弯曲，每荚含种子2～6粒，籽粒为扁肾形，粒色有白色、浅黄色、红色、紫色、黑色等多种花纹或花斑。

【优异特性】口感香糯，营养高，抗性强，长势强，高产，种植技术要求不高，种植一次可多年采收。

【开发与利用情况】该品种豆类长势强，产量高。食用时口感软糯，每株的产量在7～8kg，亩产在400～500kg。琅井利马豆最大的优势是可以多年采摘，每年只需要将地上部分的藤蔓割除，保留地下部分的根系，次年也会重新长出新的嫩芽，长势、产量和口感依旧不会有任何改变。此外，琅井利马豆种植后基本不需要投入大量的人力和物力，最大的人力就是给它搭建一个大树桩，施肥也是仅需要农家肥即可，管理比较粗放，但经济效益比较高。

琅井利马豆需要人工搭架，当地基本使用直径大约10cm，高4～5m的大树桩为其生长搭架，在其生长阶段，整个树桩上缠绕了藤蔓，且被绿叶包裹得很严实。

【相关故事】琅井利马豆的历史悠久，据当地种植户介绍，在很久以前，禄丰市的黑井镇是制作并贩卖食盐的地方，贩卖食盐的商队在各个国家之间行走，他们从其他国家将其引进到这里，随着一代代人不间断地种植才保留至今。还有一种说法，是从野生型大豆不断地栽植驯化，最后保留至今。总体而言，琅井利马豆是被引进还是被驯化保留，其自身优良的性状无论是在经济方面或是科研方面都具有非常高的价值。

【保护措施】种植一次可多年采收，管理粗放仍有产量和收益，农民自愿种植，种植面积比较大。

33

荷苞豆

种质名称

荷苞豆

采集编号

2022539261

学名

棉豆*Phaseolus lunatus* L.

来源地

云南省大理州巍山县

提供者信息

白家美，女

【主要特征特性】学名棉豆，豆科菜豆属，本地俗称荷苞豆。一年生或多年生草本植物，主要作蔬菜食用，常为异花授粉作物，茎蔓生，3出复叶，腋生总状花序，花梗长，每一花梗着生2～4朵小花。花萼、花冠较小，荚扁平，直扁弯曲镰刀形，每荚含种子2～3粒，籽粒为扁肾形；粒色有红色、紫色花纹或花斑。籽粒在大小、颜色、形状上变异较大，未成熟时均为绿色，百粒重30～200g，采收期5—12月。

【优异性状】高产、优质、口感软糯、适口性好。

【开发与利用情况】棉豆是一种良好的膳食纤维来源，可降低胆固醇。其较低的胆固醇和高纤维含量可有效阻止食肉后体内血糖的迅速升高，同时，提供相当量的脂肪和高质量的蛋白质，这是糖尿病人患有胰岛素抵抗的良好选择。棉豆还可以平衡血糖，并可以稳定而缓慢地释放能量。除缓慢释放复合碳水化合物外，棉豆还可以帮助贮存更多的铁元素，以增加精力。铁元素是血红素的组分，它从肺部输送氧气到身体的所有细胞，也是能量产生和新陈代谢中重要酶系统的组分。棉豆是另一种微量元素——锰的良好来源，对于能量生产和抗氧化防御的酶非常重要。棉豆也是一种非常好的蛋白质来源，可以用棉豆加糙米或棉豆加全麦面粉替代部分肉类。棉豆干豆粒的蛋白质含量约20%，脂肪1.1%～1.5%，糖类58%～65%。大粒棉豆色艳味美，干籽粒作主食，青豆是优质蔬菜，并可快速冷冻后出售。枝叶繁茂，是良好的覆盖作物和绿肥，茎叶中可消化的营养物质约占14%，可用作青贮饲料。

【保护措施】因其口感软糯、适口性好，市场需求比较大，生产的棉豆销售不成问题，农民自愿种植，仍有较大种植面积。

34

平河褐皮黄豆

种质名称

平河褐皮黄豆

采集编号

2022539028

学名

大豆*Glycine max*（L.）Merr

来源地

云南省红河州绿春县

提供者信息

李兰背，女

【**主要特征特性**】该品种株高约70cm，荚长4cm左右，种皮褐色。

【**优异特性**】抗旱，耐贫瘠。

【**开发与利用情况**】鲜食甜，主要用于毛豆鲜食，可针对鲜食毛豆产业开发。

【**保护措施**】因其耐逆性强、耐粗放种植，在田埂、田间地角等均可种植自用；毛豆鲜食口感香甜，有一定的市场需求，农民自发种植，增加收入。

35

花脸豆

种质名称

花脸豆

采集编号

P532929113

学名

大豆 *Glycine max*（L.）Merr

来源地

云南省大理州云龙县

提供者信息

胡正堂，男

【主要特征特性】从生产队时期就留下来的种子，一直种到现在。

株高50～70cm，每荚结豆2～3粒，生长期适中，为120～130天，品种抗性好，病害少，比较耐阴，适合与其他作物套种，也可净种，净种亩产120～150kg，种皮黄色带黑色花纹或黄灰色、灰色带黑色花纹，形如京剧脸谱，内部淡黄色，品质优。做豆腐出腐率高，口感细腻，品质好。

【优异性状】优质，抗病，抗旱，耐寒和耐贫瘠。制作豆腐的出腐率高。

【开发与利用情况】具有耐阴、抗病性强、产量高、品质好的特点，是选育大豆新品种的优质育种材料。

【保护措施】因其做豆腐出腐率高、口感细腻、品质好，受到当地人的喜爱，农民自发种植。

36

宁蒗野生大豆

种质名称

宁蒗野生大豆

采集编号

P530724018

学名

大豆*Glycine max*（L.）Merr

来源地

云南省丽江市宁蒗县

提供者信息

孙玉林，男

【主要特征特性】茎细弱，蔓生，主茎与分枝不明显，缠绕性强。叶为羽状3出复叶，披针形。蝶形花，紫色。荚果狭长，镰刀形，单株结荚40～132荚，每荚2～3粒，百粒重0.9g，粒圆形，种皮黑色。根系主根长约40cm，侧根及须根较多，根瘤较小，紫红色。株高60～140cm。

【优异特性】抗病，优质。

【开发与利用情况】除具有药用价值外，地处高海拔地区的宁蒗野生大豆对光反应迟钝，有利于选育广适性大豆新品种及进行大豆起源、演化和生理生化等基础研究。

【保护措施】建设宁蒗野生大豆原生境保护点，同时开展异地繁殖保护。

37 本地小米豆

种质名称

本地小米豆

采集编号

2022539114

学名

赤小豆*Vigna umbellata* (Thunb.) Ohwi & Ohashi

来源地

云南省红河州绿春县

提供者信息

段来美，女

【主要特征特性】一年生缠绕草本，高20～40cm。3出复叶，顶生小叶卵状菱形，两侧小叶斜卵形，先端短尖，边全缘或近全缘。总状花序腋生，具长柄，花间通常有垫状腺体；萼钟形，浅绿色，萼齿披针形，上面2枚萼齿常合生，花瓣大大地伸出萼外，雄蕊2束。荚果长7～15cm，种子颜色不一。花期7—8月，果熟期9月。

【优异特性】籽粒特小，品质优良。

【开发与利用情况】单独煮食味甜，与米饭、粉面一起煮食，易熟，清凉爽口。是赤小豆遗传改良的重要资源。

【保护措施】因其品质优、口感好，农民自发种植。

38

晋宁夕阳野扁豆

种质名称

晋宁夕阳野扁豆

采集编号

P530122005

学名

扁豆*Lablab purpureus*（L.）Sweet

来源地

云南省昆明市晋宁区

提供者信息

陈明，男

【主要特征特性】晋宁夕阳野扁豆属豆科、野扁豆属，是扁豆的野生近缘植物，多年生缠绕草本。茎细弱，微具纵棱，略被短柔毛，叶具羽状3小叶。生长于海拔1300～1700m的山坡灌木、荆棘丛中。总状花序，每个花序上有5～16朵花，花黄色，花瓣干枯后不会脱落，开花期9—10月，成熟期11—12月。豆荚表面有短绒毛，成熟时灰黑色，一般每个豆荚有6～7粒种子。种子细小、黑花色，千粒重32g左右。成熟干豆荚及茎叶有芳香气味，不易剥出种子，但豆荚晒干后会自己爆裂，能将种子弹到5～6m之外。

【优异性状】具有抗病、抗旱和耐贫瘠的特点。

【开发与利用情况】晋宁夕阳野扁豆全株具有较高的药用价值，具有清热解毒、消肿止痛的功效，用于治疗咽喉肿痛、乳腺疼痛、牙痛、肿毒、毒蛇咬伤等。对于农作物育种有较高的开发与利用价值。

【保护措施】因其可食、药两用，农民自发种植。

39

野生刀豆

种质名称

野生刀豆

采集编号

P530122026

学名

刀豆*Canavalia gladiata*（Jacq.）DC.

来源地

云南省昆明市晋宁区

提供者信息

陈明，男

【主要特征特性】野生刀豆为刀豆的一个野生种，属豆科刀豆属。别名挟剑豆、野刀板藤、葛豆、刀豆角、刀板豆等。多年生缠绕草本。茎长可达数米，羽状复叶，小叶卵形，基部宽楔形，侧生小叶偏斜。总状花序，具长总花梗，有花数朵生于总轴中部以上。荚果带状，略弯曲，离缝线约5mm处有棱（凸起的隆脊），外壳革质、坚硬，豆荚长16～38cm，宽3.5～5cm，厚度2～3cm，每个荚果有10～16粒种子。种子椭圆形或长椭圆形，长度2.4～2.8cm，宽度1.3～1.9cm，厚度1.0～1.5cm，单粒种子平均重量为2.625g，成熟时种皮深粉红色，种脐黑色，约为种子长度的3/4。开花期8—9月份，成熟期12月至翌年1月份。

【优异性状】抗病、抗虫、抗旱、耐贫瘠。

【开发与利用情况】野生刀豆具有较高的食用和药用价值，嫩荚和种子供食用，但须先用盐水煮熟，然后换清水煮，方可食用。成熟种子可作中药使用。对于农作物育种有较高的开发与利用价值。

【保护措施】在长江以南的温暖地区有栽培，野生种未见记载。

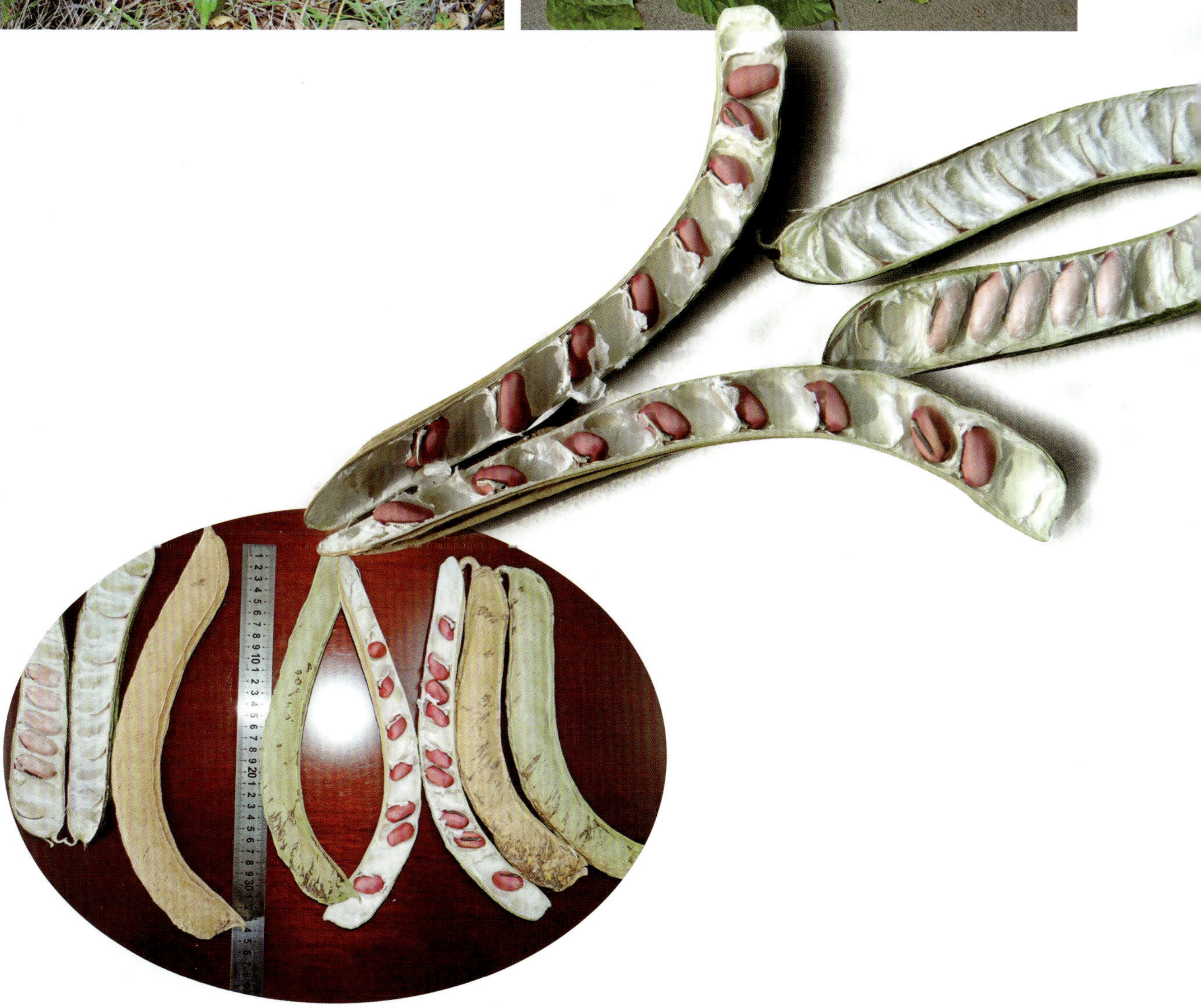

40

开花薯1号

种质名称

开花薯1号

采集编号

P530113006

学名

马铃薯*Solanum tuberosum* L.

来源地

云南省昆明市东川区

提供者信息

杨昌玺，男

【主要特征性状】呈扁圆形，黄皮黄肉，顶端芽眼凹陷，蒸煮后表皮开裂（开花），洋芋风味香浓，口感沙面。

【优异特性】东川大洋芋主要分布在海拔2000～3000m的半山区和高寒山区。东川大洋芋的生产条件得天独厚，土壤多为黑褐色，质地松软，颗粒细腻，略偏酸性，土壤营养丰富，特别是土壤里水解性氮（N）、有效磷（P）和速效钾（K）的含量显著高于（高20%～50%）其他区域；外加生产区域多处高海拔山区，冷凉气候适宜洋芋生长，病虫害发生率较低，干物质积累期足够长。这些特殊生产环境种植出来的东川大洋芋薯香味浓、松软粉面，略有糯性，咀嚼起来更加松软，口感不湿黏，回味无穷。具体质量指标为：平均干物质含量达18%，总淀粉含量10%～16%，并且淀粉颗粒大，淀粉结构规整；呈味氨基酸含量高，其中，谷氨酸含量327.7μg/g，丙氨酸含量达267.3μg/g，分别约是普通食味洋芋的1.97倍和1.68倍，特别是蒸煮后呈现表面膨松状，口感酥、糯、香、甘，受到市场追捧。

【相关故事或传说】开花薯1号别名开花洋芋、老家洋芋。话说李子沟村民张德龙，老家是禄劝彝族人，到东川李子沟上门招亲。几十年前从禄劝老家带了5个洋芋，可惜在路上不小心弄掉了2个，只剩下仅有的3个洋芋。到了李子沟安家落户，就把它种在房背后，可惜“天有不测风云，人有旦夕祸福”，种在房背后的3个洋芋被猪拱吃了2个，只剩一个。就这么一个洋芋当年结了6个薯块，6个薯块中，大的切块、小的整薯播种，同时利用薯芽一起繁殖，最终只有一个薯块种植成功，年复一年，扩繁起来，因为洋芋是从其老家带来的，故而得名“老家洋芋”。由于在李子沟村种植的“老家洋芋”经过蒸煮后自然裂开，表面形成一层淀粉结晶，形似清晨沾着露水的花瓣，因此得名“开花洋芋”，于2019年8月正式登记为“开花薯1号”。开花薯1号至今已有40年的历史，在民间被誉为“爱情的果实”。

【开发与利用情况】开花薯1号作为地方特色品种推广种植的经济效益显著，助推产业发展增收致富，其市场价从10年前的每千克0.8元提高到目前的6元，精品洋芋则可卖到15元，高于常规品种3倍以上，红土地镇炭房村2016年通过引进“东川大洋芋”进行示范种植，取得较好的效果，2022年，种植面积达1260亩，种植户332户，总产量达2520t，实现产值756万元，种植户人均收入9185元，炭房村成为全区“一村一品”专业村。现在，“东川大洋芋”种植面积已由40年前的300亩发展到2022年的10000余亩，已成为东川支柱产业之一和农民增收致富的重要渠道。2020年4月，“东川大洋芋”正式获得农业农村部颁发的“东川大洋芋”农产品地理标志登记证书。东川连续10年举办了“东川洋芋节”；实干助力脱贫的成效引来央视《焦点访谈》报道3次、《大国农道》报道1次、《聚焦“三农”》报道1次，以及省（市、区）各级媒体多次报道，“东川大洋芋”成了全国知名的“致富经”。“东川大洋芋”也成为民间流传的“东川三宝”之一。通过持续的品牌培育和宣传，“东川大洋芋”的品牌知名度越来越大，产业也越来越火，建设了7个种植基地，培育了10余家新型农业经营主体，打造了洋芋花海，研制开发了“东川大洋芋”白酒、啤酒，洋芋疙瘩饭，即食“老奶洋芋”，即食“老奶洋芋”粉等产品。也带动了当地旅游业的发展，李子沟村170户建档立卡户不仅摘掉了贫困的帽子，家家户户还搬进了新房，村民们的生活发生了翻天覆地的变化。

【保护措施】一是建设“东川大洋芋”种薯质量追溯体系及商品薯质量安全追溯平台。在东川区碧谷街道（李子沟村、箐口村）、乌龙镇（跑马社区）、红土地镇（花沟村、炭房村）、舍块乡（云坪村）、汤丹镇（海子村）建设安装了7套商品薯质量追溯系统。二是完成“东川大洋芋”地理标志证明商标国家知识产权申请注册相关工作。三是扩繁优质种薯200余t。四是完成“东川大洋芋”地标维护相关工作。制订“东川大洋芋”地理标志使用管理办法和“东川大洋芋”质量控制技术标准（上报审批中）。五是2023年“东川大洋芋”申报并入选“云南绿色云品”品牌。六是制订《“东川大洋芋”产销对接奖励补助办法》，兑现补助资金。

41

香芋

种质名称

香芋

采集编号

2021536061

学名

马铃薯*Solanum tuberosum* L.

来源地

云南省玉溪市华宁县

提供者信息

杨建林，男

【主要特征特性】地下茎块状，扁圆形，紫皮黄心。

【优异特性】香芋块茎为紫皮黄心，口感好，带有香味，可以水煮、火烧、油炸、炒食等。12月至翌年1月种植，3—4月收获。种植近50年产量、性状基本趋于稳定，抗退化。

【相关故事或传说】在改革开放初期，由于当地的经济和农业发展比较落后，以及当时其他作物的产量比较低，粮食作物紧缺，香芋作为当地的马铃薯特殊资源品种，因口感好和香味浓郁，产量稳定，抗退化，成了当地部分人们的重要食物来源。时至今日，种植香芋主要是因为当地村民对它有一种特殊的情怀。矣得村委会蒿枝箐村种植村民杨建林说："种植香芋，本身就是喜欢吃，自己喜欢吃，家里面的老人、小孩喜欢吃，主要是用火烤熟，或者是切成片来炒着吃，或再简单一点，直接用水煮熟吃，不需要放其他的佐料，最简单的做法就可以吃到它最原始的味道。此外，对于我种植香芋，并不是说是为了卖钱，它本身的产量并不是很高，我们主要还是自产自销，满足我们家里面人的需求。这也是我们对这个品种的一种种植情怀。"

【开发与利用情况】由于它的抗退化性，该品种有可能成为开展马铃薯抗退化相关研究的基础材料。

【保护措施】因口感好和香味浓郁，产量稳定，抗退化，农民自发种植。

42
勐蚌洋芋

种质名称

勐蚌洋芋

采集编号

2021532094

学名

马铃薯*Solanum tuberosum* L.

来源地

云南省保山市龙陵县

提供者信息

李会仙，女

【主要特征特性】草本，地下茎块状，扁圆形，株高15～80cm，无毛或被疏柔毛。茎分地上茎和地下茎两部分。长圆形，直径约7cm，外皮白色、淡红色或紫色。薯皮的颜色为紫色和黑色，薯肉为紫色或黑紫色。由种子长成的植株形成细长的主根和分枝的侧根；而由块茎繁殖的植株则无主根，只形成须根系。地上茎呈菱形，有毛。初生叶为单叶，全缘。随着植株的生长，逐渐形成奇数不相等的羽状复叶。小叶常大小相间，长10～20cm；叶柄长2.5～5cm；小叶6～8对，卵形至长圆形，最大者长可达6cm，宽达3.2cm，最小者长宽均不及1cm，先端尖，基部稍不相等，全缘，两面均被白色疏柔毛，侧脉每边6～7条，先端略弯，小叶柄长1～8mm。伞房花序顶生，后侧生，花白色或蓝紫色；萼钟形，直径约1cm，外面被疏柔毛，5裂，裂片披针形，先端长渐尖；花冠辐状，直径为2.5～3cm，花冠筒隐于萼内，长约2mm，冠檐长约1.5cm，裂片5片，三角形，长约5mm；雄蕊长约6mm，花药长约为花丝长度的5倍；子房卵圆形，无毛，花柱长约8mm，柱头头状。马铃薯圆球状，光滑，绿色或紫褐色，直径约1.5cm。种子肾形，黄色。花期夏季。

【优异性状】煮食有糯性，口感好。

【保护措施】因口感好，农民自发种植。

43

新平扬武鲁奎山小紫芋

种质名称

新平扬武鲁奎山小紫芋

采集编号

P530427290

学名

马铃薯*Solanum tuberosum* L.

来源地

云南省玉溪市新平县

提供者信息

鲁金华，男

【主要特征特性】新平扬武鲁奎山小紫芋，地方品种，属马铃薯的一个变种，约有100多年的历史。小紫芋个头小，直径仅有2～4cm，具有和中养胃、健脾利湿、解毒消炎、宽肠通便、降糖降脂、美容、抗衰老的功能，主治胃火牙痛、脾虚纳少、大便干结、高血压、高血脂等病症，因而深受当地和外地消费者的喜爱。鲁奎山海拔2120m，是典型的高原高寒山区，山高坡陡，常年干旱缺水，土地贫瘠，土质含沙量大，只有在鲁奎山特殊的生态环境条件下种植，才能形成其独特的商品价值。

【相关故事】2004年3月20日，世界马铃薯博览研究会在昆明召开，送展的鲁奎山小紫芋一枝独秀，得到中外同行专家的关注和喜爱。

【优异性状】块茎颜色呈紫茄色，剖开后可见似维管束的彩带环状型分布，淀粉含量高，水分少，煮食有糯性，口感好，食味佳。

【开发与利用情况】可作为蔬菜制作佳肴，亦可作为主粮。随着人们生活的富裕，小紫芋由主食逐渐转变成一道当地有名的天然生态菜，上至高档宴会，下至平民百姓的餐桌，小紫芋的魅力不断彰显，而且吃法花样繁多，烧、焖、煎、煮、炒，样式繁多，麻、辣、酸、香、甜，口味齐全。

【保护措施】因其具有药用功能而深受消费者的喜爱，市场价格也较好，农民自愿种植。

44

拇指洋芋

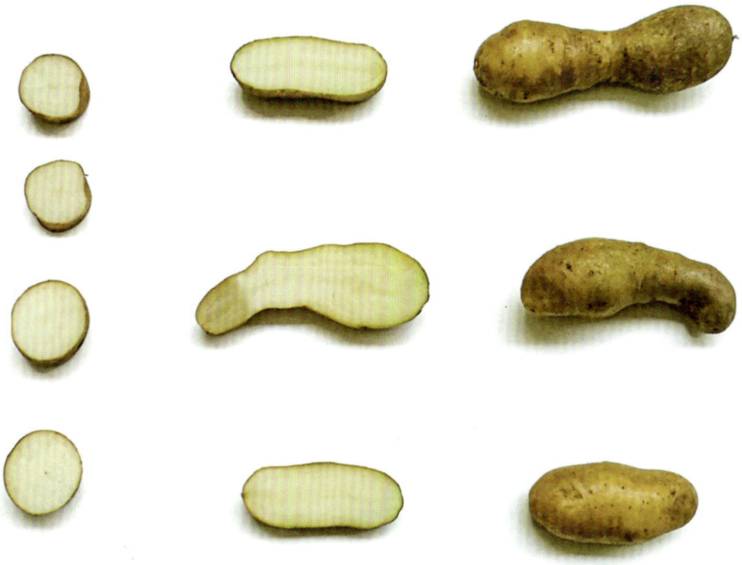

种质名称

拇指洋芋

采集编号

P532929052

学名

马铃薯 *Solanum tuberosum* L.

来源地

云南省大理州云龙县

提供者信息

杨海昌，男

【主要特征特性】株高30～50cm，生育期较长，为130～150天，3月播种后需等雨水，约5月份才会出苗，亩产约300～400kg，抗性强，薯块较小，长条形或长圆形或棒形，形若拇指，因此得名拇指洋芋。其薯块均匀，芽眼少而浅，皮白色偏黄，肉质细嫩，色白，品质优，蒸煮品质较好，淀粉颗粒小，质糯，口感面而黏滑，适口性好。

【优异性状】优质、抗病、耐寒和耐贫瘠。

【开发与利用情况】比较适合作为宾馆早餐点心、小零食加工，也可以作为小果型小零食品种开发或是作为小果型优质马铃薯的育种材料利用。

【保护措施】因质糯、口感面而黏滑、适口性好，农民自发种植。

45

有卡苦荞

种质名称

有卡苦荞

采集编号

2022538257

学名

苦荞麦*Fagopyrum talaricm*（L.）Gaertn

来源地

云南省文山州马关县

提供者信息

蒋自龙，男

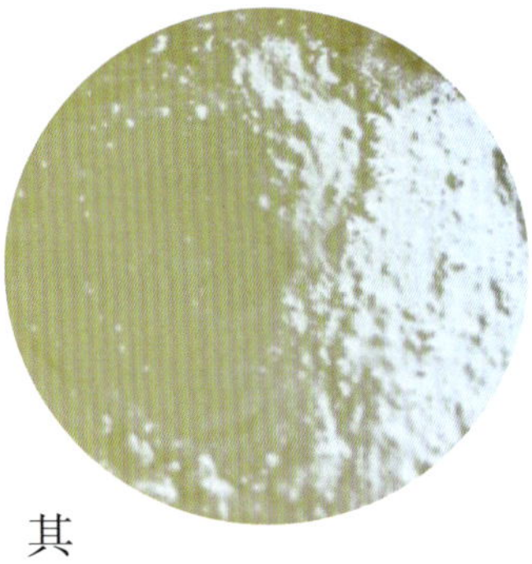

【主要特征特性】株高约120cm，籽粒小，平均单产100kg/亩，最高单产120kg/亩。

【优异特性】具有品质优、抗病性强、耐贫瘠等特点。

【开发与利用情况】有卡苦荞具有降血脂、降血压、降血糖、改善肠道微生态、抗氧化、抗癌抑瘤、抗感染等多重功效，随着人们生活水平的不断提高，其作为普通食品开发的茶饮、杂粮配餐等也颇受大众欢迎。其中，“苦荞粑粑”是当地人爱吃的特色早餐之一。制作“苦荞粑粑”，首先，用机器将苦荞脱壳，磨成面粉，边加水边揉，直到把苦荞面和水合成浆状。然后，在热锅上擦少量植物油或猪油，用小勺放入和好的苦荞面浆，在锅内摊饼，翻动几次，熟后即可起锅，再加上炼乳、果酱等食用。以上制作的“苦荞粑粑”，深受当地人的喜爱和市场青睐。

【保护措施】当地人喜食“苦荞粑粑”，农民自发种植。

46

金荞麦（野荞麦）

种质名称

金荞麦（野荞麦）

采集编号

P530122006

学名

金荞麦*Fagopyrum dibotrys*（D.Don）Hara

来源地

云南省昆明市晋宁区

提供者信息

陈明，男

【主要特征特性】金荞麦（野荞麦）属蓼科荞麦属，是荞麦的野生种，多年生草本。分枝多，株高50～300cm，叶呈心形或三角形。多群生于山谷、湿地、山坡灌丛、路边、地埂等地方。花期8—10月，果期10—11月，边开花、边结籽、边落粒。瘦果宽卵形，具3条锐棱，黑褐色，落粒性强。根系粗壮发达，根茎供药用，具清热解毒、排脓去瘀的功效。

【优异性状】具有抗病、广适、耐寒和耐贫瘠的特点。

【开发与利用情况】金荞麦（野荞麦）的茎叶用作牲畜饲料，根茎具有较高的药用价值，是常用的中药材之一，具有清热解毒、排脓祛瘀的功效。种子可食用。对于农作物育种有较高的开发与利用价值。

【保护措施】作为药用植物，当地农民自发种植。

47
硬枝野荞麦（万年荞）

种质名称

硬枝野荞麦（万年荞）

采集编号

P530122007

学名

荞麦*Fagopyrum urophynum*（Bureau&Franch）H. Gross

来源地

云南省昆明市晋宁区

提供者信息

陈明，男

【主要特征特性】硬枝野荞麦（万年荞）属蓼科、荞麦属，是荞麦的野生近缘植物，亚灌木，分枝多，枝条长度90～460cm，老枝木质化，红褐色，新枝中空。叶色淡绿，叶型箭形或卵状三角形。圆锥状花序、顶生、白色，花朵很小。瘦果宽卵形，具3条锐棱，黑褐色，种子很小，落粒性强，很难采到种子。多呈群落状生长于栎树等阔叶林、混交灌木林中，种群较小。在蓼科、荞麦属中，是最与众不同的一种，属珍稀种质资源。

【优异性状】具有抗病、抗虫、抗旱和耐贫瘠的特点。

【开发与利用情况】硬枝野荞麦（万年荞）对于荞麦育种等具有较高的潜在价值。

【保护措施】因其抗逆性强，自然生长。

48

马关苦荞

种质名称

马关苦荞

采集编号

P532625004

学名

苦荞麦*Fagopyrum tataricum* (L.) Gaertn

来源地

云南省文山州马关县

提供者信息

莫再廷，男

【主要特征特性】一年生草本，茎直立，高30～70cm，分枝，绿色或微呈紫色，有细纵棱，一侧具乳头状突起。叶宽，呈三角形，长2～7cm，两面沿叶脉具乳头状突起，下部叶具长叶柄，上部叶较小具短柄；托叶鞘偏斜，膜质，黄褐色，长约5mm。花序总状，顶生或腋生，花排列稀疏；苞片卵形，长2～3mm，每苞内具2～4朵花；花梗中部具关节；花被5深裂，白色或淡红色，花被片椭圆形，长约2mm；雄蕊8枚，比花被短；花柱3枚，短，柱头头状。瘦果长卵形，长5～6mm，具3条棱及3条纵沟，上部棱角锐利，下部圆钝有时具波状齿，黑褐色，无光泽，比宿存花被长。花期6—9月，果期8—10月。

【优异性状】优质、抗病、抗虫、抗旱、广适、耐寒、耐贫瘠。

【开发与利用情况】种子供食用或作饲料。根供药用，理气止痛，健脾利湿。马关苦荞主要用于加工成荞粑粑和荞面条，畅销于各大街小巷。

【保护措施】当地老百姓喜食“苦荞粑粑”，农民自发种植。

49
野生薏苡

种质名称

野生薏苡

采集编号

P530122008

学名

薏苡*Coix lacryma-jobi* L.

来源地

云南省昆明市晋宁区

提供者信息

陈明，男

【主要特征特性】野生薏苡属禾本科薏苡属，一年生草本。丛生，茎秆粗壮，多节，多分枝，株高1～2.5m。总状花序腋生成束，种子具长梗，颖果外面包着骨质化、坚硬的外壳，有光泽，灰白色，难以剥离。多生长于屋旁、池塘埂、河埂、田埂、山谷等地方。

【优异性状】具有抗病、抗虫、耐盐碱、抗旱、广适、耐寒、耐涝和耐贫瘠的特点。

【开发与利用情况】野生薏苡具有保健和药用价值，种仁可食用。对于农作物育种有较高的开发与利用价值。

【保护措施】农民可采集其种子，将其种于自家院中。种子已保存于云南省作物种质资源库。

50

垂序红小米

种质名称

垂序红小米

采集编号

2022536614

学名

尾穗苋*Amaranthus caudatus* L.

来源地

云南省楚雄州禄丰市

提供者信息

毕用，男

【主要特征特性】垂色垂序花絮，穗长60cm左右，植株高1.5～2.0m，种植在田间埂边。

【优异特性】产量高，具有清热，利湿，解毒，益气补血的功效。

【开发与利用情况】垂序红小米在当地种植年限20年，喜温暖湿润的环境，作为粮饲兼用型作物。其营养丰富，含有多种营养物质。尤其是蛋白质和赖氨酸的含量高，可以为畜禽提供充足的营养物质。尾穗苋的适口性好，易于消化吸收，深受家畜喜欢。尾穗苋的种植，可带来较高的经济效益。除此之外，还含有丰富的维生素、矿物质等，并且粗纤维的含量低。垂序红小米嫩叶含有较高的纤维与灰分，而且蛋白质含量比较高，同时富含钙、磷、钾，营养丰富，嫩叶鲜嫩爽口，可以直接用来烧汤、凉拌或者清炒，味鲜爽口，是优质的蔬菜补充品种。

【保护措施】作为粮饲兼用型作物，农户在房前屋后等零星种植。

51

大拉史小寨糯苋

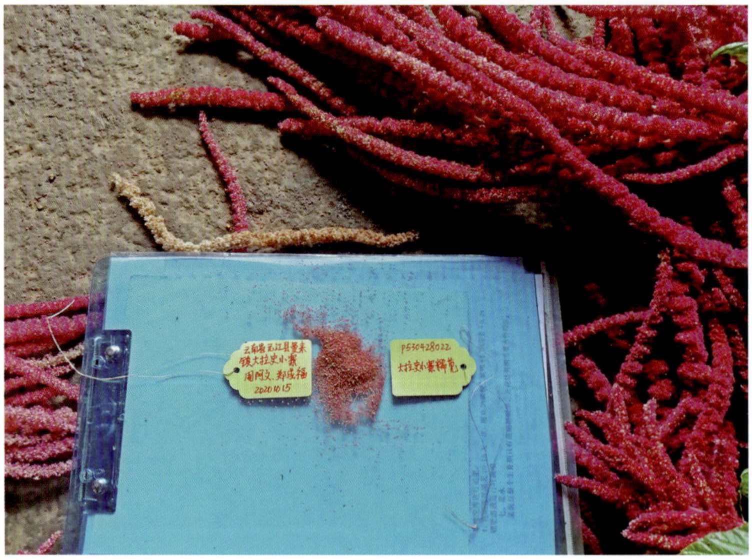

种质名称

大拉史小寨糯苋

采集编号

P530428022

学名

尾穗苋*Amaranthus caudatus* L.

来源地

云南省玉溪市元江县

提供者信息

李杰军，男

【主要特征特性】一年生草本。株高180～300cm，根较发达，有分枝。叶互生，茎叶紫红色。圆锥花序，长70～110cm。种子圆形，红色有光泽。

【优异特性】具有较高的营养价值和药用价值，籽粒香、糯性好，口感好。

【开发与利用情况】目前，大拉史小寨糯苋主要用于食用、药用，籽粒可做香料，可当花卉种植，观赏性较好，在苋菜品种改良及培育观光性农业栽培品种上有较大的研究价值。

【保护措施】作为粮饲兼用型作物，农户自发种植。

PART 02

二、经济作物

1

宝洪茶

种质名称

宝洪茶

采集编号

P530125040

学名

茶*Camellia sinensis*（L.）Kuntze

来源地

云南省昆明市宜良县

提供者信息

苏天水，男

【主要特征特性】芽叶黄绿色，绒毛多，一芽三叶，百芽重35.2g。花冠直径2.3～3.5cm，花瓣5～7枚，子房有绒毛，花柱3裂。果径2.9cm，种皮棕褐色，种径1.5cm。芽叶生育力强，持嫩性强，新稍年生长5轮。具有主要养分和维生素高于同类茶的独特品质，蛋白质19.1%、氨基酸4.7%、茶多酚25.04%、咖啡因4.75%、维生素0.82%。春茶开采期3月中旬，一芽三叶期4月上旬。

【优异性状】适制绿茶，春茶一芽二叶。干样氨基酸2.9%、茶多酚21.4%、儿茶素总量16.3%、咖啡因3.9%。宝洪茶产区在海拔1500～2300m的区域，土壤为红壤和黄棕壤，pH4.3～6.5；光照充足，昼夜温差大，空气湿度小。宝洪茶抗寒性强，适宜年平均气温13℃，极端最低气温不低于-3℃，10℃积温在4000℃以上，全年降水量不少于800mm的云南省各市（州）茶区种植。

【相关故事或传说】据《中国茶经》的记载，宝洪茶由唐代宝洪寺开山和尚引种，明清年间最为昌盛，已传承千年。特异小叶绿茶种，成茶采摘于高原宝洪山（海拔1850m以上），以茶园优质鲜叶炒制而成的传统历史名茶。本茶“清香扑鼻，饮后唇边留香，滋味鲜醇”，素有“屋内炒茶满院香，院内炒茶院外香，一人泡茶满屋香”的留世名传。

【开发与利用情况】1933年，征展参加美国农博会获“十里香茶”之称；1980年，评为云南省高香型名绿茶品质第一名；1982年，评为云南省名优茶；1985年，南京全国名茶品种评审会，评为名优优良品种，载入中国茶经《名茶录》；2002年，中国云南思茅春茶交易会名茶评比，获中国云南金奖名茶。1993年10月，注册商标为“宝洪牌茶叶”。

【保护措施】一方面，将该资源异位种植于国家（勐海）大叶茶种质资源圃；另一方面，加大产品开发与营销力度，提高茶农增收从而促进宝洪茶的保护。

2

雀嘴茶

种质名称

雀嘴茶

采集编号

P530128062

学名

珍珠花*Lyonia ovalifolia* (w.) Drude

来源地

云南省昆明市禄劝县

提供者信息

李存菊，女

【主要特征性状】野生近缘植物，常绿灌木，春天发新芽可采摘。

【优异特性】入口清凉。

【相关故事或传说】雀嘴茶源于民间，彝族群众代代相传，自行采制饮用或馈赠亲朋好友，生产过程中不添加任何人工合成物料或防腐剂、色素剂，可谓“始祖茶”。明朝诗人杨守勤曾作诗赞曰：“山巅带海涯，竹树映禾麻。雪挹猫头笋，雷惊雀嘴茶。”

【开发与利用情况】据《云南种子植物名录》《全国中草药汇编》《中药大辞典》《昆明民间常用草药》等书称该植物“能祛风除湿、活络散瘀、水煎或者泡酒服用治风湿性关节炎。入心、脾、肾三经，治一切风疾。解毒通便、久服明目、助阳补阴、固精养颜”。其主要功能与中医专家“健脾益肾、化痰消脂调经”的减肥理论相吻合，常饮此茶有治痛风，清热解毒，消渴，醒脑，软化血管，降血压血脂之功效。每年阳春三月，春暖大地，万物复苏，勤劳而手巧的罗婺人民都会去采摘雀嘴茶。

【保护措施】该品种已进入国家（勐海）大叶茶种质资源圃；另一方面，因其具有药用价值，应加大产品开发与营销力度，提高茶农增收从而促进该茶树资源的保护。

3

紫果茶

种质名称

紫果茶

采集编号

P532523035

学名

厚轴茶*Camellia crassicolumna* Hung T. Chang

来源地

云南省红河州屏边县

提供者信息

李跃武，男

【主要特征性状】栽培型，乔木型，树姿半开张，树高5.84m，树幅2.81m×3.07m，基部干径0.08m，最低分枝高2.34m，分枝稀，一芽一叶期3月11日，一芽二叶期3月17日，芽叶绿色、绒毛少，一芽三叶长9.5cm，一芽三叶百芽重128.7g；叶片稍向上着生，叶长18.7cm，叶宽6.8cm，叶面积89.0cm^2，特大叶，叶长椭圆形；叶脉10～15对，叶色黄绿色，叶面隆起，叶身内折，叶质中；叶背主脉无毛。叶齿中、稀、浅，叶基楔形，叶尖急尖，叶缘微波。盛花期10月下旬，萼片无毛、长0.5cm；花冠直径5.5cm，花瓣12枚、白色、少毛、质地中。子房3室、有绒毛，花柱长1.6cm，花柱先端3中裂。果实扁球形，果径3.5cm×3.2cm，鲜果皮红紫色，鲜果皮厚4mm。种子球形，种皮棕褐色，种径1.3cm×1.2cm，种子百粒重121.0g。

【优异特性】果皮紫色，品种稀少。品质优，富含蛋白质、氨基酸、维生素、无机物。

【相关故事或传说】紫果茶（*Camellia crassicolumna* Hung T. Chang）是中国农业科学院茶叶研究所陈炳环研究员于1982年11月8日采集于云南省屏边县玉屏镇红旗水库上方海拔1500m的岸边原始林中的一份茶树种质资源，后经中国著名的山茶科植物分类学家张宏达教授分类，并于1984年发表于《中山大学学报(自然科学版)》，是山茶科山茶属茶组植物30个种4个变种之一（中国植物志–第四十九卷第三册 山茶科；张宏达，1998）。

1984年，收集到的紫果茶被保存于国家大叶茶树种质资源圃（勐海），后因适应性问题致其死亡，原有茶树生育地因水库扩容，致使紫果茶生长区域被水淹没，1990年，经多次考察均没有发现紫果茶，业内人士均认为紫果茶种彻底灭绝了。2020年10月，屏边县农业农村和科学技术局陈显富站长经普查，才知悉紫果茶还有2～3株。2022年8月，国家大叶茶树种质资源圃（勐海）工作人员经实地考察，发现紫果茶不足20株（均在红旗水库上方），已经鉴定确认的仅1株。

【保护措施】在原有区域适量种植无性系紫果茶1000株左右，扩充其居群茶树数量；与当地政府及其他部门一道划定保护区域和竖牌，政府挂牌保护，开展有关保护点的宣传工作，确保紫果茶及紫果茶原生境安全保存。

4
玛玉大叶茶（超大果）

种质名称

玛玉大叶茶（超大果）

采集编号

2022539100

学名

茶*Camellia sinensis*（L.）Kuntze

来源地

云南省红河州绿春县

提供者信息

路紫兴，男

【主要特征特性】树姿半开张，分枝中，叶片稍上斜状着生。发芽密度中，芽叶色泽紫绿色，芽叶绒毛多，一芽三叶百芽重125.1g。大叶，椭圆形，叶色绿色，叶身内折，叶面微隆起，叶缘微波，叶尖渐尖，叶齿锐度中、叶齿密度中、叶齿深度中，叶质中。花瓣色泽白色、质地中，花冠直径4.2～4.5cm，花瓣5～7瓣，子房绒毛多，花柱3裂。果径4.8cm，鲜果皮厚0.2cm，种径1.5cm。

【优异特性】干毛茶条索肥硕显毫，色泽乌润，汤色黄绿剔透，香气纯正，滋味鲜爽，叶底柔软。茶叶产量高，滋味浓，香气高。

【保护措施】因其茶叶产量高，滋味浓，香气高，农民自愿种植。

5
玛玉紫叶茶

种质名称

玛玉紫叶茶

采集编号

2022539094

学名

茶*Camellia sinensis*（L.）Kuntze

来源地

云南省红河州绿春县

提供者信息

路紫兴，男

【主要特征特性】树姿半开张，分枝中，叶片稍上斜状着生。发芽密度中，芽叶色泽浅绿色，芽叶绒毛特多，一芽三叶百芽重115.3g。大叶，椭圆形，叶色绿色，叶身内折，叶面微隆起，叶缘波，叶尖渐尖，叶齿锐度中、密度中、深度深，叶质中。花期为9—11月，花瓣色泽白色、质地中，花冠直径3.3～3.6cm，花瓣5～7瓣，子房绒毛多，花柱3裂。果实成熟期为9—11月。

【优异特性】干毛茶条索显毫，色泽乌润，汤色鲜明，香气纯正，滋味醇和，回甘明显，叶底柔软。解渴，滋味浓，香气高。

【保护措施】因香气纯正，滋味醇和，回甘明显，农民自发种植。

6

柳叶茶

种质名称

柳叶茶

采集编号

P530922057

学名

茶*Camellia sinensis*（L.）Kuntze

来源地

云南省临沧市云县

提供者信息

查应昌，男

【主要特征特性】树形为灌木，树姿开张，叶形为披针形，叶背、主脉、芽叶均有绒毛，叶柄无绒毛。枝条像柳条，叶片像柳叶，因而得其名。叶芽细长，产量一般，主要化学成分：茶多酚37.4%，氨基酸2.2%，水浸出物44.6%，咖啡因3.6%，儿茶素总量195.07mg/g。

【优异性状】耐泡，茶多酚和儿茶素总量高。

【开发与利用情况】柳叶茶是白莺山古茶园里的特异古茶树资源，种植历史悠久，与二嘎子茶一样，是云县茶叶发展悠久历史的活见证，是祖先留给后人的十分宝贵的财富，具有极高的茶史、茶文化研究和开发与利用价值。

【保护措施】因其种植历史悠久，茶农有收益，农民自发种植。白莺山古茶园已经被当地政府列入保护区。

7

勐库小叶种茶

种质名称

勐库小叶种茶

采集编号

P530922051

学名

茶*Camellia sinensis*（L.）Kuntze

来源地

云南省临沧市云县

提供者信息

查应昌，男

【主要特征特性】树形为小乔木，树姿半张开，叶形为长椭圆形，叶背、主脉、叶柄、芽叶均有绒毛，芽叶肥大，耐泡，甘甜，产量高，种植面积最大。主要化学成分：茶多酚30.0%，氨基酸3.6%，水浸出物44.3%，咖啡因3.6%，儿茶素总量156.74mg/g。

【优异性状】耐泡。

【开发与利用情况】勐库小叶种茶是白莺山古茶园里的珍稀古茶树资源，种植历史悠久，与二嘎子茶一样，是云县茶叶发展悠久历史的活见证，是祖先留给后人的十分宝贵的财富，具有极高的茶史、茶文化研究和开发与利用价值。

【保护措施】因其是白莺山古茶园里的珍稀古茶树资源，种植历史悠久，农民自发种植。白莺山古茶园已经被当地政府列入保护区。

8

大叶本山白芽口茶

种质名称

大叶本山白芽口茶

采集编号

P530922054

学名

茶*Camellia sinensis*（L.）Kuntze

来源地

云南省临沧市云县

提供者信息

查应昌，男

【主要特征特性】树形为乔木，树姿直立，叶形为椭圆形，叶背、主脉、叶柄、芽叶均有少量绒毛。量少，树形高大，长势旺盛，户主介绍这是一种变质的茶，原显本山茶特征，现芽口变白色，芽苞大，叶片大，光华油亮，青毛茶仅是芽尖显白色，其余部分黑色，体现勐库小叶种茶特征，同时体现白芽子茶之芽尖白的特征，但白色次于勐库小叶种茶。主要化学成分：茶多酚33.9%，氨基酸1.9%，水浸出物41.4%，咖啡因2.6%，儿茶素总量148.54mg/g。

【优异性状】优质，抗病，抗虫，耐寒。

【开发与利用情况】大叶本山白芽口茶在白莺山古茶园属珍稀古茶树资源，种植历史悠久，与二嘎子茶一样，是云县茶叶发展悠久历史的活见证，是祖先留给后人的十分宝贵的财富，具有极高的茶史、茶文化研究和开发与利用价值。

【保护措施】因其是白莺山古茶园里的珍稀古茶树资源，种植历史悠久，农民自发种植。白莺山古茶园已经被当地政府划入保护区。

9
团山大茶

种质名称

团山大茶

采集编号

P530524027

学名

茶*Camellia sinensis*（L.）Kuntze

来源地

云南省保山市昌宁县

提供者信息

赵忠孝，男

【主要特征特性】团山大茶是古树茶地方品种之一。嫩枝有绒毛，芽叶黄绿色，绒毛多。中叶，平均叶片长宽13.5cm×5.7cm，叶长椭圆形，叶色绿色，叶缘微波，叶齿形态锯齿形，叶面微隆起，叶质中，叶尖急尖，叶基楔形，叶脉12～15对，叶背绒毛多。萼片5片，无绒毛，绿色。花瓣6枚，花冠直径4.3cm，花瓣长宽2.1cm×1.6cm，花瓣白色，花瓣质地中，雌蕊比雄蕊低，花柱0.7cm，花柱开裂数5裂，花柱裂位中，子房无绒毛。果实大小3.13cm×2.13cm，果实球形、肾形，鲜果皮厚0.2cm。种子球形，种子直径2.1cm，种皮棕褐色，百粒籽重310g。成品茶条索肥壮厚实、紧结显毫，汤色黄绿剔透，滋味鲜浓甘爽、喉韵绵长。

【优异性状】花香浓郁持久、茶气强烈，极耐冲泡。

【开发与利用情况】昌宁县古茶树资源十分丰富，古茶树面积达4.9万亩，百年以上的古茶树达20余万株，年干茶产量达500t以上，产值达1.5亿元以上。团山大茶是古树茶地方品种之一，生长于昌宁县温泉镇联席村，平均海拔2100m，年平均气温16℃，年平均降水量1800mm，森林覆盖率达93%，属澜沧江西岸温凉型山区气候，高海拔、寡日照、多云雾、无污染的生态环境，为茶叶生长提供了得天独厚的条件。

【保护措施】团山大茶具有较好的科研和开发与利用价值，下一步将依托万棵古茶树资源，抓实推进古茶公园AAA级景区创建，推动万亩有机茶园认证，挖掘茶文化魅力，以古茶为主题，围绕“游茶山、礼茶道、品茶餐、赏茶艺、看炒茶、养古树、购古茶”为一体的发展模式，带动茶农增产增收。

10

戈特茶（小叶）

种质名称

戈特茶（小叶）

采集编号

P530381164

学名

茶*Camellia sinensis*（L.）Kuntze

来源地

云南省曲靖市宣威市

提供者信息

王伟，男

【主要特征特性】该茶树资源生于年均温15℃海拔1400m的低热河谷红壤偏酸性山地，叶片小而脆硬，条索紧实肥硕、色泽墨绿油润、全芽披毫，汤色澄明透亮，香气清纯持久、茶味浓厚回甘，可作为野生资源保护开发利用。

【优异性状】含有较高的胡萝卜素和叶黄素、抗病性好、适应性强。

【开发与利用情况】2021年，戈特村在保护好现有老茶树的基础上，发展有机生态茶100亩，茶叶产量达800～1000kg，实现净利润6万～8万元，种植、加工成功带动全村83户282名贫困群众增收致富。

【保护措施】因其香气清醇持久、茶味浓厚回甘，市场价格高，农民自发种植。

11
戈特茶（大叶）

种质名称

戈特茶（大叶）

采集编号

P530381162

学名

茶*Camellia sinensis*（L.）Kuntze

来源地

云南省曲靖市宣威市

提供者信息

祖正武，男

【主要特征特性】 2016年9月，云南省农科院5位老师到宣威开展茶资源调查，确定该茶为大叶种茶。普立戈特大叶茶，叶片椭圆形，黄绿色，叶片大，平均叶长11.9cm，宽5.8cm，最大叶长20.7cm，宽9.6cm，芽叶色泽黄绿色、绒毛多，树姿直立，分枝密，嫩枝有绒毛。

【优异性状】 耐旱，耐寒。

【开发与利用情况】 村民采春芽和秋芽加工戈特茶，生产的茶叶品类为晒青绿茶，经凋萎、杀青、揉捻、晒干加工而成，年产量达800～1000kg，产值10万～20万元。

【保护措施】 因其市场价格高，农民自发种植。

12
二街茶

种质名称

二街茶

采集编号

P530425003

学名

茶*Camellia sinensis*（L.）Kuntze

来源地

云南省玉溪市易门县

提供者信息

杨福华，男

【主要特征特性】 花淡红色或白色，花瓣6～7片，蒴果圆球形，直径2～3cm，2～3室，每室有种子1～2个，花期1—4月。

【优异性状】 优质，抗病，抗虫，抗旱，耐涝，耐贫瘠和味清香。

【开发与利用情况】 该种质采集于易门县二街社区。易门县是绿茶之乡，茶叶栽培历史悠久，具有茶叶生产基地及加工厂，为易门县提供参观、学习、培训的场所，对辐射带动周边地区种植生产，壮大产业发展具有重要意义。

【保护措施】 因易门县是绿茶之乡，茶叶栽培历史悠久，具有茶叶生产基地及加工厂，销货快，农民自发种植。

OPPO R15

OPPO R15

13

紫尖茶

种质名称

紫尖茶

采集编号

P532623058

学名

茶*Camellia sinensis*（L.）Kuntze

来源地

云南省文山州西畴县

提供者信息

韦祥洪，男

【主要特征特性】西畴县的野生古树茶，是古茶树在自然进化过程中自然变异形成的，是珍贵的自然遗产。属于灌木，嫩枝无毛，尖梢嫩叶呈红色，野生自然生长。

【优异性状】优质，口感好。

【开发与利用情况】由于尖梢嫩叶呈红色，可用于叶色育种和园林绿化。作为食用茶叶，拥有浓郁的香气和甘甜的口感，具有抗氧化、降血脂、降血压、美容养颜、帮助消化的作用，在打造“西畴茶叶品牌”等方面具有重要的价值。

【保护措施】因其具有浓郁的香气和甘甜的口感，农民自发种植。西畴县已经成立茶叶工作室，准备打造西畴古树茶品牌。

14
厚轴茶

种质名称

厚轴茶

采集编号

P532623046

学名

茶*Camellia sinensis*（L.）Kuntze

来源地

云南省文山州西畴县

提供者信息

孙凯松，男

【主要特征特性】香坪山厚轴茶位于西畴县莲花塘乡香坪山村，海拔1616～1831m，植被为亚热带常绿阔叶林，生育地土壤为黄壤。野生型乔木，树姿半开张，分枝稀。一芽一叶期3月2日，一芽二叶期3月10日，芽叶绿色、有绒毛，一芽三叶长9.5cm，一芽三叶百芽重135.2g；叶片稍上斜着生，叶长11.6～19.5cm，叶宽5.4～7.5cm，叶面积43.8～102.4cm^2，大叶或特大叶，叶长椭圆形；叶脉8～14对，叶色深绿，叶面隆起，叶身内折，叶质中；叶齿锐、密、中，叶基楔形，叶尖急尖，叶缘微波。盛花期10月下旬，萼片5枚、绿色、有绒毛；花冠直径7.9～9.5cm，花瓣8～12枚、白色、质地中；子房5室、有绒毛，花柱长1.8～2.6cm，花柱先端5中裂，雌、雄蕊等高。果梅花形，果径5.9～8.3cm，鲜果皮厚1.4～1.8cm；种肾形，种径1.3～1.6cm、种皮褐色。春茶一芽二叶初展样品水浸出物39.71%～44.44%、咖啡因0～0.17%、茶多酚15.31%～23.85%、氨基酸2.25%～4.9%、儿茶素总量6.64%～10.14%、EGCG1.13%～1.72%、EGC4.82%～7.41%、ECG0.29%～0.46%、C0～2.72%、EC0.26%～0.78%。

【优异性状】香坪山厚轴茶作为天然的低咖啡因茶，适合老年人、孩子和很少饮茶或不饮茶的客户群体饮用，也是作为选育低咖啡因或无咖啡因茶树育种的独特材料。

【开发与利用情况】该品种是西畴食用茶叶品种之一，具有抗氧化、降血脂、降血压、美容养颜、帮助消化的作用；在打造“西畴茶叶品牌”等方面具有重要的价值。

【保护措施】在原有区域适量种植无性系厚轴茶10000株左右，扩充其居群茶树数量；与当地政府及其他部门一道划定保护区域和竖牌，开展有关保护点的宣传工作，确保珍稀低咖啡因厚轴茶及原生境得以安全保存。西畴县已经成立茶叶工作室，对西畴古树茶进行开发。

15

小黄茶

种质名称

小黄茶

采集编号

P532928018

学名

茶*Camellia sinensis*（L.）Kuntze

来源地

云南大理州永平县

提供者信息

罗正良，男

【主要特征特性】小黄茶，零散分布于永平县水泄彝族乡狮子窝村、瓦厂村，树形较高，距今已有500～800年的树龄，属于云南古树茶群落的一种罕见品种。其特征主要有：叶片较大，叶片呈淡黄色，嫩叶较长，呈浅红色、浅黄色；叶脉清晰，叶缘呈锯齿状；叶间距较大；发芽较早。小黄茶是永平县古茶树群落的一个地方品种，分布零散、稀少，栽培历史悠久，茶叶苦涩味适中，是当地老百姓比较喜欢的一个品种，树形高大，单株产量较高，叶片主要制成古树白茶、绿茶、普洱茶、红茶，其制品价格较高，深受消费者喜欢，主要销往上海、广州等一线发达城市。

【优异性状】抗病性、抗寒性强。

【开发与利用情况】古树茶因其具有丰富的内含物，且大多为绿色有机产品，故制成普洱茶、红茶、绿茶后属中高端产品，成品价格较高，深受消费者喜欢，是目前永平发展的优势特色产业，对永平农业产业的发展具有不可替代的作用，具有很高的科研和开发与利用价值。

【保护措施】因其属于云南古树茶群落的一种罕见品种，制成的产品售价高，也是当地老百姓比较喜欢的一种品种，当地老百姓都自觉地保护该资源。

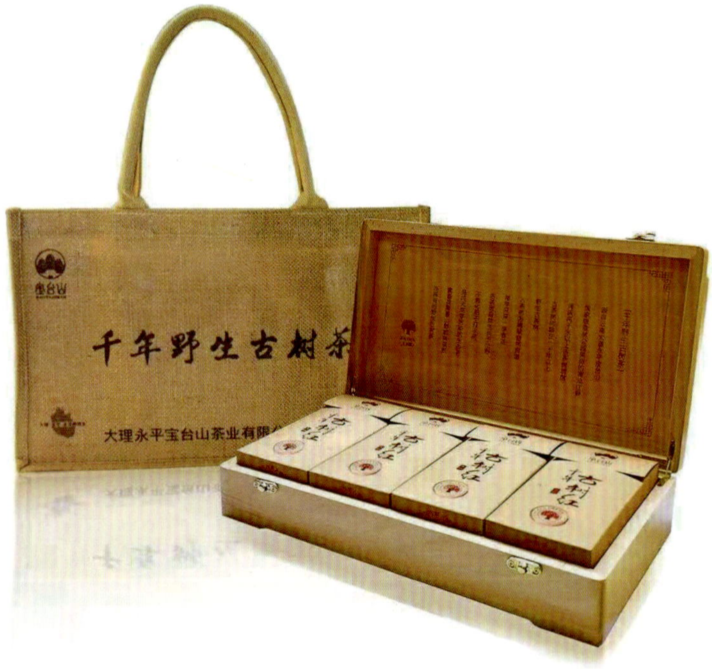

16
藤子茶

种质名称

藤子茶

采集编号

P532928020

学名

茶*Camellia sinensis* L.

来源地

云南省大理州永平县

提供者信息

罗正良，男

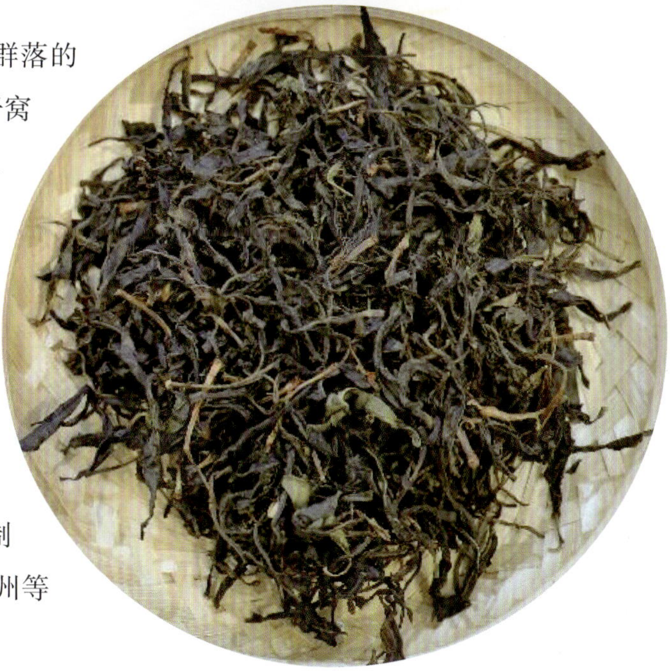

【主要特征特性】藤子茶，属于云南古树茶群落的一个罕见品种。零散分布于永平县水泄彝族乡狮子窝村、瓦厂村，树形呈丛状，植株分枝低且旺盛，无规则，树龄200～500年，其特征主要有：叶片较小，叶片呈油绿色，嫩叶较短，呈深绿色；叶脉清晰，叶缘呈锯齿状；叶间距较小；发芽一般比其他品种迟10～15天。藤子茶分布零散、稀少，栽培历史较长，茶叶苦涩味较重，是当地老人比较喜欢的一个品种，树形较大，单株产量高，叶片主要制成古树红茶、绿茶、普洱茶，其制品价格较高，深受消费者喜欢，主要销往上海、广州等一线城市。

【优异性状】抗病性、抗寒性强。

【开发与利用情况】古树茶因其具有丰富的内含物，且大多为绿色有机产品，故制成普洱茶、红茶、绿茶后属中高端产品，成品价格较高，深受消费者喜欢，具有很高的科研和开发与利用价值。

【保护措施】因其是永平县古茶树群落的一种地方品种，是当地老人比较喜欢的一个品种，且产品价格较高，当地老百姓都自觉保护该资源。

17

腾冲红花油茶

种质名称

腾冲红花油茶

采集编号

P530522032

学名

油茶*Camellia oleifera* Abel

来源地

云南省保山市腾冲市

提供者信息

段习进，男

【主要特征特性】常绿乔木，是云南省特有的木本油料树种，雌雄同株，株高5～14m，树皮光滑。每年12月至次年1月开花，花期长达2个月，花瓣颜色鲜艳，有鲜红色、大红色、粉红色、朱红色之分，花冠直径10cm左右，观赏价值极高。果实为蒴果，外果皮木质，呈圆球形或扁球形。种壳角质，呈深褐色，种子为球形、半球形或多边形，胚乳含丰富油质。盛果期单株产量达100kg以上，结果年限有数百年之久。

【优异特性】优质、抗病、耐寒，利用茶籽压榨加工成的腾冲红花油茶油，澄黄透明、油质好，香味纯正浓郁，富含维生素E、山茶苷、茶多酚、

油酸、亚油酸。其生物学特性与白花油茶存在较大差别，从分布范围看国外和省外均无分布，其油茶籽含油量明显比白花油茶籽高、油酸含量比白花油茶低。

【开发与利用情况】腾冲红花油茶油与藤编、腾宣、腾药和腾冲饵丝合称为腾冲“五宝”，主要用于炸茶油，油清冽透明、营养丰富，具有极高的食用、保健和药用价值，有“东方橄榄油”之称，属腾冲特产，原国家质检总局批准对“腾冲红花油茶油”实施地理标志产品保护。推广种植面积达621000亩。

【保护措施】因其营养丰富，其油茶籽含油量高，市场价值高，农民自发种植，种植规模大。

18
二嘎子茶

种质名称

二嘎子茶

采集编号

P530922050 2021533508

学名

茶*Camellia sinensis* L.

来源地

云南省临沧市云县

提供者信息

查正会，女

【主要特征特性】树形为乔木，树枝半开张，分支密度中，嫩枝无绒毛，基部干围3.9m，树高11m，树幅8.5m×8.6m。叶片长宽15.1cm×6.9cm，叶片中，叶形椭圆形，叶色绿色，叶基楔形，叶脉8～9对，叶身内折，叶尖渐尖，叶面微隆，叶缘平，叶质硬，叶背主脉有绒毛，芽叶色泽绿色，有少量绒毛。花冠5.5cm×5.6cm，柱头4或5裂，花瓣8～9枚，子房有绒毛。果实数4个。制成的晒青毛茶色泽油润、白毫显露，汤色黄绿剔透，滋味甜醇，香气花果香，叶底匀；春茶一芽二叶初展蒸青样水浸出物38.8%，茶多酚31.2%，咖啡因1.5%，氨基酸1.2%，儿茶素总量14.25%。

【优异特性】茶气较足，回甘细腻而持久，甘醇润甜而饱满，有一股悠悠无名花果香。

【相关故事或传说】白莺山古茶园背靠大丙山野生茶树群落，白莺山先民依原生茶树而栖，采茶狩猎为生，先民在采集野茶的同时将野茶引种到村前屋后，俗称“本山茶”，是茶树引种驯化的发端。是白莺山先民自觉不自觉地引种、选种与茶树自然杂交变异的结果。

【开发与利用情况】白莺山位于澜沧江流域中段大拐弯怀抱处——云南省临沧市云县境内北部的澜沧江自然保护区大丙山中部，地处澜沧江文明中心。白莺山茶区以漫湾镇白莺山村为核心，覆盖漫湾镇、茂兰镇、忙怀乡3个乡镇、25个行政村，茶区总面积5.6万亩，其中古茶园面积近3万亩。形成形态、品质等特征有明显差异的茶树群。

【保护措施】白莺山是目前为止发现的可以看到茶树从野生到家种整个变化过程的地区，展示了

白莺山茶树演化自然博物馆

P530922050
二嘎子茶

野生茶成为栽培作物的不同阶段，是茶树起源和驯化的历史见证；白莺山古茶园是目前发现的茶树品种最多样化的古茶园；白莺山古茶园是茶树种质资源的宝库；白莺山古茶园是开展茶树起源与演变研究的天然实验室。2016年，临沧市人民政府将以白莺山村为核心的12400亩古茶园列入临沧市第一批栽培型古茶园保护名录，保护范围为漫湾镇、茂兰镇、忙怀乡3个乡镇25个村，茶区总面积5.6万亩（古茶园面积近3万亩）。其中，划定核心保护区面积810亩，重点进行挂牌保护。制定了云县白莺山古茶园挂牌保护工作实施方案，成立漫湾镇茶叶加工者协会，负责茶园保护监督、茶园管护经费筹措等，并协调组织开展古茶树资源管护知识、技能培训工作。2021年5月，完成了“白莺山茶树演化自然博物馆”挂牌工作；2022年3月，由云县地方产业发展服务中心申请的“云县白莺山茶”地理标志证明商标获批；由云县地方产业发展服务中心负责，着手“云南省云县白莺山古茶园与茶文化系统”中国重要农业文化遗产申报工作；以白莺山丰富的古茶资源为依托，打造茶旅文化，逐步实施白莺山生态乡村旅游项目建设，助推乡村振兴。

19
土锅山茶

种质名称

土锅山茶

采集编号

P530524029

学名

茶*Camellia sinensis* L.

来源地

云南省保山市昌宁县

提供者信息

禹华平，男

【主要特征特性】乔木，嫩枝无毛，芽体有毛。叶革质，椭圆形。村民描述该茶最大的特点是茶子房少毛或无毛，叶脉较多，当地也叫秃房茶，是当地较为特殊的一个茶树品种。

【优异特性】优质，抗病，抗虫，耐贫瘠。

【开发与利用情况】现有研究表明，茶树起源于中国西南地区，虽德宏茶于1984年命名，但没有作为其分布地区的主栽品种。据相关专家鉴定，德宏茶的重新发现，为茶树的起源演化研究提供了新的材料基础；此外，该茶树生长于高海拔地区，具有潜在的抗寒能力；同时，叶脉较多，对于和多脉普洱茶（*Camellia sinensis* var. *assamica*）一起开展科学基础研究具有重要意义。

【保护措施】因其茶子房少毛或无毛，抗逆性好，农民自发种植。

20

古树白茶

种质名称

古树白茶

采集编号

P532530031

学名

茶*Camellia sinensis* L.

来源地

云南省红河州金平县

提供者信息

黄文祥，男

【主要特征特性】古树白茶属于山茶科山茶属古树白茶种，生长于原始的生态环境，属于原始的生态有机茶，树形为小乔木。叶基楔形，叶面微隆起，叶齿形态为锯齿形，芽叶绒毛多，芽叶肥厚，富含茶多酚。

【优异特性】古树茶具有经久耐泡，汤色红亮、甘味略长，甘甜回味，口感顺滑等特点。一是富含营养价值，古树茶含有多种人体所需的营养成分，富含氨基酸、茶多酚、儿茶素、咖啡因、有机酸、糖类、蛋白质、脂肪以及钙、磷、钾等多种对人体有益的物质成分。二是古树茶可谓全身是宝，茶叶是深受人们喜爱的饮品，根、叶可入药。

【开发与利用情况】古树白茶树龄估测在300～500年，总株数15661株，属于国家Ⅱ级保护植物，是珍贵种植资源，具有保护和科学开发价值。古树白茶群落与民族村落融为一体，人与蝴蝶群结伴，和睦相处，仿佛置身仙境，极具旅游观光价值。

【保护措施】因其营养价值高、市场价格较好，农民自发保护该资源。现为国家Ⅱ级保护植物。

21

油用型萝卜

种质名称

油用型萝卜

采集编号

P532925026

学名

萝卜*Raphanus sativus* L.

来源地

云南省大理州弥渡县

提供者信息

普光应，男

【主要特征特性】油用型萝卜全生育期140～180天，株高56～80cm。单株有效角果数187个左右，每角果粒数4～6粒，籽粒大，千粒重6.4g。植株矮小，株形开张形，分枝部位低。角果大而稀。花蓝白色。

【优异特性】耐旱，耐寒，耐瘠，适应性强等，主要在干旱的山区、半山区种植，出油率高且香味浓，品质佳。

【开发与利用情况】油用型萝卜具有多种用途，苗期可作蔬菜食用，籽粒榨油食用，油枯作为烤烟种植的重要肥料，秸秆可作燃料。由于具有耐旱、耐寒、耐瘠等特性，油用型萝卜作为小春作物主要种植于山区、半山区。在物资严重短缺年代，油用型萝卜作为油料作物在山区、半山区广泛种植，解决了边远山区人民食用油需求的问题。同时，油用型萝卜耕作简单，播种后不施肥、不打药，存在“靠天吃饭”现象，产量低，目前仅有少部分农户自发种植，面积100亩左右。由于籽粒出油率高且香味浓，品质佳，具有一定生物学研究价值和开发成为地方特色“土特产”的潜能。

【保护措施】因其油率高、香味浓、品质佳且有多种用途，农民自发种植。

22
晋宁黄菜籽

种质名称

晋宁黄菜籽

采集编号

P530122060

学名

欧洲油菜*Brassica napus* L.

来源地

云南省昆明市晋宁区

提供者信息

陈明，男

【主要特征特性】晋宁黄菜籽属十字花科芸薹属，一年生草本。株高120～160cm，无毛，有辣味；茎直立，有分枝。基生叶倒卵形，边缘有重锯齿或缺刻，长10～20cm，叶柄长3～9cm，茎下部叶稍大，边缘有缺刻或牙齿，有时具圆钝锯齿，不抱茎；茎上部叶窄披针形、较小，边缘具不明显疏齿或全缘。总状花序顶生，花后延长；花黄色，长角果线形，长3～5.5cm，宽2～3.5mm。果瓣具1凸出中脉；喙长3～6mm；果梗长5～15mm。种子球形，直径1～1.5mm，棕黄色。花期2—3月，果期3—4月。

【优异性状】具有优质、抗病、抗虫和广适的特点。

【开发与利用情况】晋宁黄菜籽是晋宁区古老的地方品种，在当地有很长的种植历史。幼苗可当蔬菜食用；种子可榨油，供食用；种子磨粉可作调味品，又可入药。对于油菜育种有较高的开发与利用价值。

【保护措施】因其是日常食用油的主要来源，农民自发种植。

23
大麻

种质名称

大麻

采集编号

P530128041

学名

大麻*Cannabis sativa* L.

来源地

云南省昆明市禄劝县

提供者信息

张运花，女

【主要特征特性】一年生直立草本，高1～3m。枝具纵沟槽，密生灰白色贴伏毛。叶掌状全裂，裂片披针形或线状披针形。

【优异特性】耐热，耐晒和优质。

【相关故事或传说】大麻曾经在苗族人民的生活中占据着重要的地位，苗族用自己种的大麻纺线、织布、自制民族服饰。在宗教方面也有悠久的应用历史。大麻种植历史悠久。

【开发与利用情况】大麻可剥麻收籽，传统中医医师用大麻治疗各种疾病，21世纪以来，有关大麻治疗疾病的效益引起了各有关方面的关注。茎皮纤维长而坚韧，可用以织麻布或纺线，制绳索，纺织和造纸；种子榨油，含油量30%左右，主要用作食用，也可供作油漆、涂料等；油渣可作饲料。当前，基于传统大麻而选育的工业大麻，在纺织、食品、化工、医药、建筑等方面发挥了重要作用，应用前景非常广阔。鉴于以上应用价值以及昆明工业大麻项目的推广应用，工业大麻的推广种植作为山区群众增收项目得到较好的发展。

【保护措施】因其用途较广，市场需求量大，农民自发种植。大麻新产品的研发和应用，极大地调动了种植大麻的积极性。

24

夕阳红皮向日葵

种质名称

夕阳红皮向日葵

采集编号

P530122003

学名

向日葵*Helianthus annuus* L.

来源地

云南省昆明市晋宁区

提供者信息

段加顺，男

【主要特征特性】夕阳红皮向日葵株高200～230cm，头状花盘直径15～35cm，不易分枝，一般亩产120～170kg；籽粒长扁锥形，大小中等，壳色紫红色，味道独特。

【优异特性】壳薄，生食味甘甜，炒食味香甜，不上火，不伤喉咙。

【开发与利用情况】夕阳红皮向日葵属“夕阳三宝”之一，是晋宁区知名的地方特产，为当地群众馈赠亲友的佳品，已获国家地理标志认证。该品种价格优势明显，适宜在海拔1300～1700m的山坡地、台地种植，种植成本低，易管理，是当地群众增收致富的作物之一。

【保护措施】因该品种市场价格较高，农民自发种植。

25 黑浓事

种质名称

黑浓事

采集编号

P530428028

学名

紫苏*Perilla frutescens* L.

来源地

云南省玉溪市元江县

提供者信息

李阿冲，男

【主要特征特性】黑浓事是元江县因远镇卡腊村委会哈尼族（白宏支系）种植的地方老品种，哈尼族农民栽种历史悠久。一年生草本植物，茎直立，有分枝，茎的横断面为四棱形。株高60～170cm，全株有特殊的香味。

【优异特性】抗病性强，香味浓。

【开发与利用情况】黑浓事主要用于药用、食用、香料，全株均可入药，嫩叶可做汤，籽粒可做香料。但是由于年轻劳动力锐减，该品种产量低，面临被芝麻代替而消失的风险，目前黑浓事种植面积较少，其在遗传物质研究及育种上有较大的研究价值。

【保护措施】因其有多种用途，且当地哈尼族农民栽种历史悠久，仍有农民自发种植。

26
西洋甘蔗

种质名称

西洋甘蔗

采集编号

2022538604

学名

甘蔗*Saccharum officinarum* L.

来源地

云南省文山州广南县

提供者信息

王丕荣，男

【主要特征特性】茎、节间圆筒形，57号毛群少，脱叶性好，卵圆形芽，芽位平，根点排列不规则，田间锤度21.2%，株高210cm。

【优异性状】节部纤维软，适口性好，多汁，纤维短，成茎率高。

【开发与利用情况】当地作为果蔗进行种植和销售。

【保护措施】市场行情较好，农民自发种植。

27

董堡蔗茅

种质名称

董堡蔗茅

采集编号

2022538717

学名

蔗茅*Saccharum rufipilum* Steud.

来源地

云南省文山州广南县

提供者信息

野外采集，男

【主要特征特性】叶部无明显病害，株高85cm，锤度13.6%，茎径5mm，脱叶性差，芽卵圆形，芽位平，根点较少，内外叶耳退化，无57号毛群。

【优异性状】野生资源。

【开发与利用情况】作为抗逆亲本进行杂交利用。

【保护措施】原生境保存或移入资源圃中异位保存。

28

摩洒芒

种质名称

摩洒芒

采集编号

2022538401

学名

芒*Miscanthus sinensis* Anderss.

来源地

云南省文山州西畴县

提供者信息

程敦儒，男

【主要特征特性】秆高1～2m，无毛或在花序以下疏生柔毛。叶鞘无毛，长于其节间；叶舌膜质，长1～3mm，顶端及其后面具纤毛；叶片线形，长20～50cm，宽6～10mm，下面疏生柔毛及被白粉，边缘粗糙。

【优异性状】野生资源。

【保护措施】原生境保存或移入资源圃中异位保存。

29

坪寨滇蔗茅

种质名称

坪寨滇蔗茅

采集编号

2022538427

学名

蔗茅*Saccharum rufipilum* Steud.

来源地

云南省文山州西畴县

提供者信息

罗仕安，男

【主要特征特性】株高185cm，锤度6.4%，茎径7mm，脱叶性差，芽卵圆形，节间圆筒形，节长25cm，芽位平，无57号毛群，叶部无明显病害。

【优异性状】野生资源。

【开发与利用情况】可作为抗逆亲本进行杂交利用。

【保护措施】原生境保存或移入资源圃中异位保存。

30

芦差冲脆皮甘蔗

种质名称

芦差冲脆皮甘蔗

采集编号

2022538515

学名

甘蔗*Saccharum officinarum* L.

来源地

云南省文山州西畴县

提供者信息

邓贵文，男

【主要特征特性】长势弱，分蘖差，株高120cm，中茎，锤度18.8%，脱叶性好，芽卵圆形，芽位平，57号毛群少，适口性一般，纤维短。

【优异性状】皮脆甘甜。

【保护措施】市场行情好，农民自发种植。

31
草秆甘蔗

种质名称

草秆甘蔗

采集编号

P530521025

学名

甘蔗*Saccharum officinarum* L.

来源地

云南省保山市施甸县

提供者信息

苏朝福，男

【主要特征特性】2—4月为苗期，3—5月为分蘖期，5—6月为拔苗期，6—10月为甘蔗伸长期，10—12月为成熟期。茎径1.4cm，株高165cm，叶绿，空心，锤度16.8%，茎多，芽位平，芽卵圆形，根点排列不规则。

【优异性状】饱满、无病虫害、无伤的双芽苗，种植密度3000棵/亩双芽苗，抗病性强；其品质优，可榨蔗糖、烧酒、鲜食，也是制造蔗糖的原料，可提炼乙醇作为能源替代品。

【保护措施】用途较广，可榨蔗糖、烧酒、鲜食等，农民自发种植。

32
青皮台糖

种质名称

青皮台糖

采集编号

P532123042

学名

甘蔗*Saccharum officinarum* L.

来源地

云南省昭通市巧家县

提供者信息

陈绍富，男

【主要特征特性】多年生高大草本植物，根粗壮发达，茎直立、分蘖、丛生，茎高3～6m、有20～40节，茎外被有蜡粉、绿色或青紫色，12月下旬成熟。长势强，丛生性一般，节间蜡粉带厚，株高220cm，茎径2.4cm，芽位上，节间圆筒形，脱叶性好，57号毛群少，内叶耳披针，外叶耳退化。

【优异性状】高产，优质，抗病，抗旱，广适和耐热。

【开发与利用情况】用于制糖，部分鲜食，蔗叶、蔗稍用作燃料、部分蔗稍加工后饲用。

【保护措施】用途较广，可榨蔗糖、烧酒、鲜食等，农民自发种植。

33
脆皮甘蔗

种质名称

脆皮甘蔗

采集编号

P532624061

学名

甘蔗*Saccharum officinarum* L.

来源地

云南省文山州麻栗坡县

提供者信息

李尚玉，女

【主要特征特性】秆直立粗壮，实心，具多数节，灰褐色，节下被蜡粉，花序以下的部分秆具白色丝状柔毛叶鞘较长于节间，鞘口具长柔毛，顶端较宽于其叶片基部；叶舌长约2mm，紧贴其背部密生细毛；叶片线状披针形，长达1m以上，宽3～5cm，无毛，带灰红色，边缘具锯齿状粗糙，中脉白色。长势较弱，分蘖率低，有效茎数少，宿根性差，株高100cm、茎径2cm，芽位平，节间圆筒形，脱叶性好，57号毛群少，纤维短，适口性一般。

【优异性状】高产，优质。

【开发与利用情况】用于制糖，部分鲜食，蔗叶、蔗梢用作燃料，部分蔗梢加工后饲用。

【保护措施】用途较广，可榨蔗糖、烧酒、鲜食等，农民自发种植。

34

绵皮甘蔗

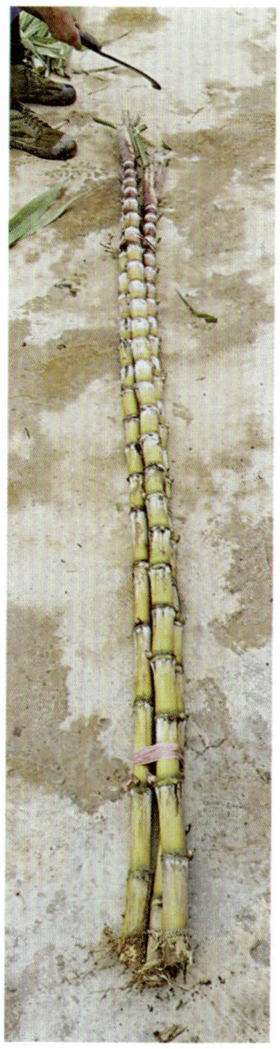

种质名称

绵皮甘蔗

采集编号

P532624062

学名

甘蔗*Saccharum officinarum* L.

来源地

云南省文山州麻栗坡县

提供者信息

李尚玉，女

【主要特征特性】长势较弱，分蘖率低，有效茎数少，宿根性差，株高90cm、茎径2.2cm，芽位平、节间圆筒形，脱叶性好，57号毛群少，纤维长，适口性差。

【优异性状】高产，优质。

【开发与利用情况】用于制糖，部分鲜食，蔗叶、蔗稍用作燃料，部分蔗稍加工后饲用。

【保护措施】用途较广，可榨蔗糖、烧酒、鲜食等，农民自发种植。

35

水果甘蔗

种质名称

水果甘蔗

采集编号

P532624063

学名

甘蔗*Saccharum officinarum* L.

来源地

云南省文山州麻栗坡县

提供者信息

李尚玉，女

【主要特征特性】秆直立粗壮，实心，植株高达2～4m，直径3～4cm，具多数节，灰褐色，节下被蜡粉。花序以下的部分秆具白色丝状柔毛叶鞘较长于节间，鞘口具长柔毛，顶端较宽于其叶片基部。叶舌长约2mm，紧贴其背部密生细毛；叶片线状披针形，长达1m以上，宽3～5cm，无毛，带灰白色，边缘具锯齿状粗糙，中脉白色。

【优异性状】高产、优质。

【开发与利用情况】用于制糖，部分鲜食，蔗叶、蔗梢用作燃料，部分蔗梢加工后饲用。

【保护措施】用途较广，可榨蔗糖、烧酒、鲜食等，农民自发种植。

36
昔马甘蔗

种质名称

昔马甘蔗

采集编号

P533123037

学名

甘蔗*Saccharum officinarum* L.

来源地

云南省德宏州盈江县

提供者信息

尹以龙，男

【主要特征特性】长势弱、分蘖率低、有效茎数少，宿根性差，株高145cm、茎径2.1cm，芽位平、节间圆筒形，脱叶性好，57号毛群少。甜、口感好、汁多、纤维成分低、分蘖中。

【优异性状】优质，抗旱，耐寒，耐涝和耐贫瘠。

【开发与利用情况】用于制糖，部分鲜食，蔗叶、蔗梢用作燃料，部分蔗梢加工后饲用。

【保护措施】用途较广，可榨蔗糖、烧酒、鲜食等，农民自发种植。

PART 03

三、蔬菜

1

维西糯山药

种质名称

维西糯山药

采集编号

P533423021

学名

薯蓣*Dioscorea polystachya* Thunb.

来源地

云南省迪庆州维西县

提供人信息

余荣光，男

【主要特征特性】块茎长圆柱形，垂直生长。茎通常带紫红色，右旋，无毛。单叶，在茎下部的互生，中部以上的对生。雄花序为穗状花序，长2~8cm，近直立，2~8个着生于叶腋。蒴果不反折；种子着生于每室中轴中部。

【优异性状】维西糯山药肉茎肥大，具有特殊的软糯性，炖煮入口即化、煎炒脆爽、甘甜爽口，食味甚佳，老少皆宜。维西糯山药的根茎可长达1.3m，食用长度可达0.9m，维西糯山药的亩产量是怀山药和铁棍山药的4倍，每株可食用部分在0.5~4kg。山药肉质细嫩，含有黏蛋白、淀粉酶、皂苷、游离氨基酸、多酚氧化酶、维生素B_1等物质，有利于脾胃消化吸收功能，有着健脾养胃、益肺止咳、降低血糖、防肥胖、补肾虚、预防心血管疾病、增强骨骼等功效，是一味平补脾胃的药食两用保健佳品。经过对不同山药的活性成分分析，发现能使人产生愉悦感的多巴胺、预防儿童佝偻病的维生素D_3、参与骨骼代谢的维生素K等含量，维西糯山药明显高于怀山药和广西野生山药。

【开发与利用情况】2021年11月23日，维西糯山药被农业农村部列为“农作物十大优异种质资源”之一。维西糯山药蕴含傈僳族民族的传统文化，对于高海拔地区发展民族文化旅游、乡村经济振兴具有重要意义。

【保护措施】把糯山药种植农户组织起来，成立了专业合作社，搞规模化和标准化种植，发展糯山药种植产业。云南省农科院在维西县设立了维西糯山药实验园。维西县生物资源研究及开发协会申请注册了第18721375号“维西糯山药”商标。

表3.1　维西糯山药、怀山药、广西野生山药主要活性成分对比分析

（迪庆康融工程、维西维美生物提供相关数据）

Number	Name	Formula	RT	功效	Intensity			
					A1	A2	A3	A4
1	尿囊素	$C_4H_6N_4O_3$	1.12	促进细胞生长，加快伤口愈合	7409	/	14600	/
2	多巴胺	$C_8H_{11}NO_2$	3.39	神经递质，用于各种类型休克	2608	/	6667	/
3	腺苷	$C_{10}H_{13}N_5O_4$	2.55	内源性核苷，参与心肌能量代谢	2109991	/	1194755	/
4	止权素	$C_{15}H_{20}O_4$	11.88	增强人体新陈代谢	12232	27171	/	/
5	山药素Ⅰ	$C_{17}H_{16}O_4$	24.6	控制山药的休眠	86864	83770	/	/
6	山药素Ⅳ	$C_{15}H_{16}O_3$	23.1	控制山药的休眠	751314	6560	/	/
7	葡萄糖	$C_6H_{12}O_6$	1.12	人体快速能量补充	/	12893	/	/
8	半乳糖	$C_6H_{12}O_6$	1.12	糖蛋白的重要成分	/	12893	/	/
9	果糖	$C_6H_{12}O_6$	1.12	补充能量	/	12893	/	/
10	蔗糖	$C_{12}H_{22}O_{11}$	1.2	补充能量	1353474	1207550	1039018	/
11	谷氨酸	$C_5H_9NO_4$	1.1	体内氮代谢的基本氨基酸	14421	27650	25884	/
12	天门冬氨酸	$C_4H_7NO_4$	1.1	增强肝脏功能，消除疲劳		15308		/
13	精氨酸	$C_6H_{14}N_4O_2$	1.03	维持人体正氮平衡	267183	774559	724036	/
14	丝氨酸	$C_3H_7NO_3$	1.09	促进脂肪新陈代谢	7661	21234		/
15	缬氨酸	$C_5H_{11}NO_2$	1.31	人体必需氨基酸	34378	62760	47989	/

续表3.1

Number	Name	Formula	RT	功效	Intensity			
					A1	A2	A3	A4
16	苏氨酸	$C_4H_9NO_3$	1.09	人体必需氨基酸	9658	17242	11878	/
17	苯丙氨酸	$C_{10}H_{13}NO_2$	1.85	人体必需氨基酸	200812	17748	1290782	/
18	异亮氨酸	$C_6H_{13}NO_2$	2.28	人体必需氨基酸	102169	148289	115766	/
19	脯氨酸	$C_5H_9NO_2$	1.1	调节体内细胞质渗透平衡	/	56451	176006	/
20	组氨酸	$C_6H_9N_3O_2$	0.89	小儿生长必需氨基酸	6561	10848	25049	/
21	赖氨酸	$C_6H_{14}N_2O_2$	0.88	人体必需氨基酸	18404	15777	25956	/
22	甲硫氨酸	$C_5H_{11}O_2N_S$	1.5	人体必需氨基酸	/	47978	26765	/
23	维生素B_2	$C_{17}H_{20}N_4O_6$	12.17	又叫核黄素，参与细胞的生长代谢	13636	2557	24820	/
24	维生素B_4	$C_5H_5N_5$	2.57	也称腺嘌呤，用于参加DNA和RNA的合成	160851	93462	81778	/
25	维生素B_5	$C_{18}H_{32}CaN_2O_{10}$	23.98	也称泛酸，与头发、皮肤的营养状态密切相关	7780	/	21261	/
26	维生素D_3	$C_{27}H_{44}O$	32.15	预防儿童佝偻病	3156	2504	/	/
27	维生素K	$C_{31}H_{46}O_2$	32.15	参与骨骼代谢	4187	/	/	/
28	维生素C	$C_6H_8O_6$	1.31	抗坏血酸	/	/	/	/

备注：A1.C18020035-1维西糯山药　A2.C18020035-2焦作怀山药　A3.C18020035-3 广西野生怀山药　A4.空白

2

品芋

种质名称

品芋

采集编号

P530626029

学名

芋*Colocasia esculenta* L.

来源地

云南省昭通市绥江县

提供人信息

苟真涛，男

【主要特征特性】绥江品芋属天南星科芋属，地方品种，来源于云南省绥江县，种植历史500年以上。水生，适宜低海拔区域种植。3月上旬播种，12月收获，在生长期对水分的要求高，适宜土质厚的水田，起垄，根茎移栽，成熟期每株有4~4.5kg，亩产平均2500kg。

【优异性状】高产，优质，口感细腻。

【相关故事】相传安史之乱，唐玄宗携杨贵妃到成都避难，时键作为地方官为讨好皇帝，遂派人至绥江梁村挖品芋进贡。玄宗食后，高兴地说道：“细腻而不涩，香软而味美，连呼一品。”有诗云：

谁同碧藕出泥池，未染分毫少弄姿。
花貌不扬生皱褶，纤腰久伫起涟漪。
明皇得见称高品，盛世迎来展玉肌。
中外佳筵常约汝，软香细滑惹人思。

【开发与利用】绥江县群众种植品芋的历史悠久，绥江品芋以口感细腻、营养丰富而久负盛名。多年来，绥江农民种植品芋主要是用于自食和馈赠。近年来，广大群众观念有所更新，商品意识逐渐增强，上市品芋逐渐增多，绥江品芋以个大、味鲜而在市场上十分走俏，成为一种品牌，是绥江人馈赠亲友的佳品，名声远播，销往四川宜宾、成都和云南昆明等大中城市。提起品芋火锅就让人口舌生津。火锅的做法也很独特：先在底层码上一圈切成滚刀的品芋，然后再在上面逐层码放小排、鸡翅、酥肉、蘑菇、白肉、丸子等，锅内入水，点燃炭火烧开，放入适量的盐。十几分钟后，一锅鲜美异常、营养丰富的“一品火锅”便可上桌了。

【保护措施】创新栽培技术，增加产量，提高产值；加大扩繁优质种苗力度，发展品芋产业。

3
弥渡大芋头

种质名称

弥渡大芋头

采集编号

P532925018

学名

芋*Colocasia esculenta* L.

来源地

云南省大理州弥渡县

提供人信息

姚继祥，男

【主要特征特性】形似地雷，个头大，以产子芋为主，子芋1～28个，一般单个重1000～2500g，大的可达3500g，剖开芋头可见芋肉布满细小红筋，类似槟榔花纹，母芋呈椭圆形。

【优异特性】亩产量4～5t，亩产值近万元。芋肉白色、肉质松软、品质上等，含有丰富的蛋白质、糖类（淀粉）、钙和多种微量元素。能益脾胃，调中气，化痰散结；可治少食乏力、痕疬结核、久痢便血、痈毒等病症；在癌症手术或术后放疗、化疗及其康复的过程中，有较好的辅助作用。

【相关故事及传说】清朝道光十九年，林则徐被任命为钦差大臣，到广州禁烟。在广州的英、美、俄、德等国的领事，用西餐来招待林则徐，在饭后上了一道冰淇淋，林则徐因不知冰淇淋为何美食，看到有气冒出，以为是热的，便用嘴吹之，好让这道菜凉了再食。领事们看后大笑，把林则徐气得吹胡子瞪眼睛。但林则徐也不动声色，过了许久，林则徐宴请那些领事们吃饭。他请吃的菜肴，都是凉菜，之后上了一道芋泥，颜色灰白，表面闪着油光，看上去没有一丝热气。那些个领事以为那也是一道凉菜，用汤匙舀了就往嘴巴里送。哈哈！上当了，领事都被烫得哇哇乱叫，林则徐心里暗笑，嘴里则不停地抱歉，说没想到他们原来不知道这“芋泥”外冷里烫啊。

弥渡的大芋头是芋中门族的一种，它以特有的茎大，淀粉含量高，食味好而出名，最大的长得比人头还大。在大理这已是老幼皆知的事了。不过，你可知道，它的来历还有一个美丽的传说！

相传，村里有一位名叫小玉的姑娘，她长得妩媚端庄，圆脸上有两个浅酒窝，天生的好容貌，她走起路来楚楚动人，站立时又如一尊玉雕，每进村收山货的人见到她，无不说她是深山里的一只金凤凰。唉，只可惜她，从小就死了爹娘，跟着兄嫂过日子，受着兄嫂的种种虐待。

日子一天天过去了，“山里来客有只金凤凰”的消息随着收山货人的足迹渐渐传开了。正当小玉年方二八那年，一个个慕名而来的求婚者，不顾山高路陡、道路崎岖，叩开了小玉家的门。有骑着高头大马来的，有拿着扇穿长衫的，也有布衣短衬的，几百年来长睡着的村子好像被求亲者的脚步声和马蹄声唤醒了，村里好热闹。小玉的兄嫂根本接受不了眼前的事实，他们做梦也想不到，平时的“眼中钉”“肉中刺”一夜间变成了一棵实实在在的摇钱树，真是“财门大打开，金银财宝滚进来”。他们面对这棵摇钱树，一改往日的丑怪嘴脸，转了一百八十度的大弯，对小玉奉若菩萨，百般讨好。可是，小玉不吃软，一口咬定“我的婚事，我自有主张”。原来小玉心中早有恋人，那就是邻居大妈家的小喜哥。他俩互相看着长大，两小无猜。在兄嫂虐待小玉的多年中，多亏小喜哥和大妈暗暗相助，她才艰难地活下来。记得小玉刚失去双亲的那年，多日无雨，天干地旱，地上草都卷了叶子。兄嫂要她到山里找猪草，可是，看着干得快开裂的土地，到哪里去找？晚上哥哥骂她“偷懒”，吃白食！小玉受不了这种鸡蛋里找骨头的挑剔，走出家门，看着寒星颤抖的天

空，想一死了之。就在这时，小喜为她解开了上吊的绳索。劝慰她再苦也要活下去，有天大的困难两个人共同承担，从那以后，他俩更是情投意合，并许下百年相好。

兄嫂看着大堆大堆的彩礼，一捆一捆的丝绸，还有许多的叫不出名的金银宝贝，已是垂涎三尺，嫂子便对小玉说："好花才插富人家，你千万别挑花了眼！"哥哥接着说，"长兄为父，长嫂为母，我说你就许给有钱有势的……"小玉打断他的话说："我要留在村里。""什么，你要嫁给小喜那小子，你，你休想！"哥哥暴跳如雷地说。嫂子给哥哥使了个眼色后对小玉说："你的婚事你做主，我们不管。"小玉听后高兴地跑去告诉小喜说："哥嫂不管我的婚事，我对你一心不二，决不节外生枝。"

过了三天，第四天，天还没亮，嫂子把小玉叫到堂屋，发现一队迎亲的人马已在门前等着，她才发现自己受骗了。原来兄嫂私自把小玉许配给有钱有势的县太爷家大公子。此刻，她已是笼中的小鸟，怎么也逃不脱了。她恨哥哥太贪财，嫂子太狠毒。真是叫天天不应，叫地地无门。她死活不愿梳妆，但那群迎亲的人不由小玉哭诉就把她捆在花轿上抬走了，坐在轿上的小玉心里明白，只有一死了之，她对新郎官说："山里人能高攀你们大富人家实属福星高照，到山门口我要下轿拜谢山神，愿他保佑我们平安回家。"新郎官觉得她说得有理，便答应了。当她下轿朝山神拜了三拜后，顺势从几百米高的山崖跳了下去，葬身于箐底，迎亲的人看看险不可登的山崖只好扫兴而归。

小玉跳崖的消息传来后，小喜痛不欲生，打算跳崖殉情，可是上有年高老母，不能无人奉养，只好把小玉的遗体安葬在房后的山坡上，发誓终身不娶！小玉安葬后的第三天，人们惊奇地发现，小玉的墓旁长出一种奇怪的植物。看上去就像一位穿着绿色裙服的少女，她好像流着血泪在哭诉自己的悲惨遭遇。更让人奇怪的是它的地下茎就只有椭圆形的一个，表明她一心不二，决不节外生枝。

人们说她是小玉的化身，称这种植物为芋（玉），并把它移植在家里，时间久了，就形成今天弥渡普遍种植的大芋头。

【开发与利用情况】弥渡大芋头的口感香糯、松粉、略甜，可与肉类煮或焖，也可切片入火锅烫食，以及做成芋末丸子等。最有特色的吃法是芋头扣肉，芋、肉同时入口，色、香、味、形俱佳。芋头食用方法很多，煮、蒸、烤、烧、炒、烩、炸均可。最常见的做法是把芋头煮熟或蒸熟后蘸糖吃；芋头烧肉或将芋头切成丁块，与玉米掺在一起煮粥。冬季，弥渡大芋头煮大青菜是弥渡地道的美味。

【保护措施】弥渡大芋头是云南省大理州弥渡县的特产，在弥渡广泛栽种，发展芋头产业。

4

宝丰山药

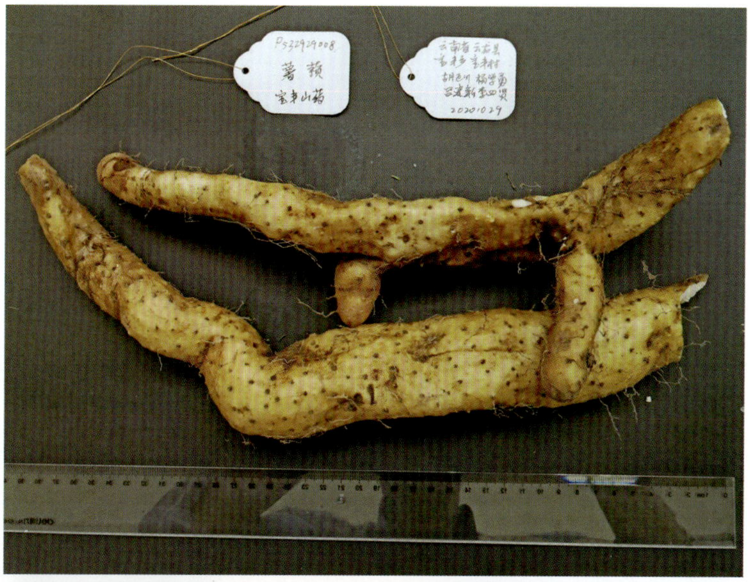

种质名称

宝丰山药

采集编号

P532929008

学名

薯蓣*Dioscorea opposita* Thunb.

来源地

云南省大理州云龙县

提供人信息

王金六，男

【主要特征特性】茎蔓长达3m以上，叶片盾形，地下的肥大块根为棍棒状，有分岔，表皮粗糙，表面密生细须根，肉多为白色；块根有横长现象；地下茎略呈圆柱形，弯曲而稍扁，长15～60cm，直径2～6cm。表面黄白色或淡黄色，有纵沟、纵皱纹及须根痕，偶有浅棕色外皮残留；体重，质坚实，易折断，断面白色，粉性；无臭，味淡、微酸，嚼之发黏；高产，亩产4000～6000kg，肉质糯滑细腻，口感好，抗病：整个生育期间不打药，没有较重病害。

【优异性状】高产、优质和抗病。

【开发与利用情况】宝丰山药可入药，具补脾养胃，生津益肺，补肾涩精之功效。常用于脾虚食少，久泻不止，肺虚喘咳，肾虚遗精，带下，尿频，虚热消渴；宝丰山药是云龙县群众食用山药的主要供应品种，是宝丰名菜“火夹山药”的主要原材料，现已引种到旧州、永平、保山等地，种植宝丰山药具有易栽培，产量高，品质好，效益明显等优点，且山药用途广泛，具有广泛的市场前景，因此具有较好的开发与利用价值。

【保护措施】因当地农户喜欢该品种的口味自发种植，已经扩散到其他地区种植，种植范围和面积进一步扩大。

5
贡山山药

种质名称

贡山山药

采集编号

P533324042

学名

薯蓣*Dioscorea opposita* Thunb.

来源地

云南省怒江州贡山县

提供人信息

和荣秋，男

【主要特征特性】贡山山药为贡山县一个地方品种，当地独龙族语称之为“门改”。是薯蓣科薯蓣属植物，缠绕草质藤本。种子略圆形或呈圆柱形，中间粗两头小，长6～10cm，直径1.5～5cm，切断面呈黄色，成熟的种子表皮有纵沟、纵皱纹，表面黄褐色或红褐色。块茎通常带紫褐色或紫红色，有毛，单叶。叶在茎下部互生，中部以上对生。块茎长圆柱形，垂直生长，株高2.5m左右，亩产500～600kg。肉色呈紫色及白色，味甘粉足，肉质柔滑。

【优异特性】营养丰富，且可菜药兼用，滋补食疗，是人们公认的无公害蔬菜。

【相关故事】在贡山县茨开镇黑妈自然村，立足山地多耕地少的实际，发展白山药特色产业，因此也称“黑妈山药”。现在贡山很多人都慕名到黑妈村来购买山药，这在以前是想都不敢想的。公路没有通之前，老一辈的人害怕生病，生一场病前往县医院都要一天，更不敢奢望将农产品卖出去，在党的领导下，通组路挖到了家门口，到县城从原来的一天时间缩短到现在的十几分钟，在山药产业的支撑下，几乎家家户户都购买了摩托车、家用车。出售农产品再不需靠人背马驮，自己就可以送货上门，也不用再为卖不出山药而烦恼。现在购买山药的订单一批接着一批，新的一批山药还没开挖就已经被预订，等到打包好后就可以用车直接拉去给顾客，再也不用愁销路了。

【开发与利用情况】贡山山药性微苦凉，不仅能充饥，还有着很高的药用价值，山药淀粉用于生产味精、医药、加工食品。经常食用，不仅可以增加人体的抵抗力，还能降低血压、血糖，抗衰益寿等，白山药作为一种天然的保健食品，人们对它的喜爱越来越浓，市场需求量越来越大，价格也越来越高。贡山县荣华公司以“公司 + 农户”的方式，给农民免费提供种子，并在山药成熟后收购种子与山药果肉，对外销售，互惠互利。该公司在黑娃底村建设了100亩优质山药基地，带动周边村寨农民群众依靠种植山药脱贫致富。

【保护措施】 因农户喜欢该品种口味而自发种植，后因市场需求变大，产值高于其他品种而扩大种植。贡山县荣华公司采用“公司 + 农户”的方式和订单农业的形式，提高了贡山山药种植规模和水平，进而发展山药产业。

6

红香芋

种质名称

红香芋

采集编号

P530523028

学名

芋*Colocasia esculenta* L.

来源地

云南省保山市龙陵县

提供人信息

杨世伦，男

【主要特征特性】块茎较小，约3×4cm，块茎皮粉红色，肉浅红色。

【优异特性】淀粉含量高；可旱种，也可水种。

【开发与利用情况】该品种可旱种、可水种，平均亩产2t，最高产量可达4t以上，可直接用于特色蔬菜产业。

【保护措施】因当地农户喜欢、产品有市场，当地农户自发种植。

7

晋宁青芋

种质名称

晋宁青芋

采集编号

P530122028

学名

芋*Colocasia esculenta* L.

来源地

云南省昆明市晋宁区

提供人信息

王永福，男

【主要特征特性】晋宁青芋属天南星科芋属，多年、旱地生草本，生产上都是一年生栽培，常生长2～3级根茎，长在母根茎上的2级块茎通常呈长弯柱状（像香蕉形），长在2级块茎上的3级球状根茎通常呈卵形，均富含淀粉。叶5～10枚，伞状，叶柄基部1/3～1/2合生，叶片绿色，叶柄聚合茎青绿色。最宜种植在湿润的砂壤土上。

【优异性状】具有高产、优质、抗病和广适的特点。

【开发与利用情况】晋宁青芋是晋宁区古老的地方品种，是栽培历史悠久的农作物之一。具有产量高、食味品质好，易煮熟等特点。对于农作物育种有较高的开发与利用价值。

【保护措施】该品种是地方古老品种，因口感好，农户长期自发种植。

8

富源花魔芋

种质名称

富源花魔芋

采集编号

P530325025

学名

魔芋*Amorphophallus konjac* K. Koch

来源地

云南省曲靖市富源县

提供人信息

潘爱查，女

【主要特征特性】 块茎扁球形，直径7.5～25cm，顶部中央多少下凹，暗红褐色。叶柄长45～150cm，基部粗3～5cm。花序柄长50～70cm，粗1.5～2cm，色泽同叶柄。浆果球形或扁球形，成熟时黄绿色。花期4—6月，果8—9月成熟。

【优异特性】 富源花魔芋葡甘露聚糖含量高，品质好，精粉中葡甘露聚糖含量为74.8%，黏度为21567.0mPa·s。还富含不饱和脂肪酸、淀粉、蛋白质、多种生物碱、氨基酸，其适应性广、抗逆性强，产量高。

【相关故事】 中华民族是研究和利用魔芋最早的民族。早在西汉时期的《神农本草经》就首次确认魔芋是治病的药物，后在元、明、清代均有魔芋入药及荒年充饥的记载。《本草纲目》中还系统地介绍了魔芋的生态环境，栽培方法，主治功能、服用方法和加工烹调技术。现代《中药大辞典》也肯定了魔芋作为中药具有解毒、抑菌、化痰、散结、行瘀等功能。我国魔芋的传统食用方式是手工将鲜魔芋或魔芋角加工成灰黑色的魔芋豆腐食用。这种土法加工的魔芋豆腐常常由于加碱较重而影响魔芋的保健功能。魔芋的有效成分是球茎中所含的葡甘露聚糖。从球茎的解剖结构中可以看出，球茎中含有大量的大型异细胞，异细胞中含葡甘露聚糖，通过去掉异细胞周围的淀粉和其他成分，即可获得魔芋葡甘露聚糖的粗制品——魔芋精粉，将魔芋精粉进一步的提纯和细化，可加工成质量更高、使用更方便的魔芋微粉。

【开发与利用情况】魔芋适宜在山区坡地和林下种植，可做魔芋豆腐、魔芋休闲食品、魔芋仿生食品和魔芋胶等。该品种二年生产量为2155.8kg/亩、2636.4kg/亩，繁殖率为7.1。2020年，全县魔芋种植面积15万亩，约占曲靖市21万亩的71.4%，约占全省77万亩的19.5%。魔芋产量18万t，实现产值9亿元。全县农村人口人均种植魔芋所得收入3891.2元，支撑着地方特色产业发展。

【保护措施】2015年，获农产品地理标志证书（AGI01646）。成立了专业的云南省农业科学院富源魔芋研究所，专门研究解决魔芋生产加工中的关键核心技术问题，不断提高魔芋生产和加工水平，促进魔芋地方品种的保护利用。魔芋加工企业采用多种措施，鼓励农户种植魔芋品种，使魔芋产业成为地方特色产业。

9

云南姜柄瓜

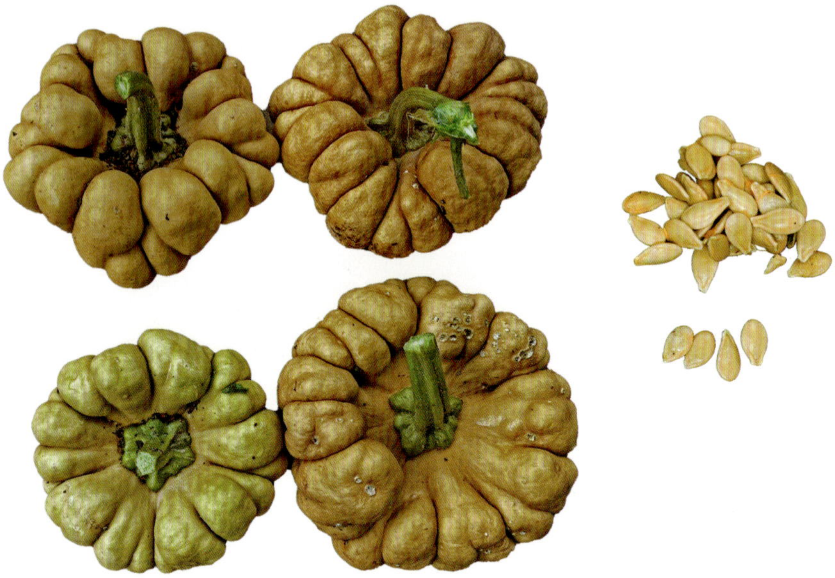

种质名称

云南姜柄瓜

采集编号

2022536651

学名

南瓜*Cucurbita maschata* D.

来源地

云南省楚雄州禄丰市

提供人信息

杨发杨，男

【主要特征特性】藤蔓形生长，瓜直径可在30～50cm之间，表皮呈现出浅黄色，表面不光滑有棱，瓜型不统一，形状多呈现椭圆形，不规则，瓜棱较深。

【优异特性】产量较高，亩产可达到3000～3500kg。每100g姜柄瓜含蛋白质0.6g、脂肪0.1g、糖类2.8g、钙21mg、磷21mg、铁0.4mg、胡萝卜素0.04mg，以及维生素B_1、B_2、C等，其营养价值很高。

【开发与利用情况】虽然它也是南瓜的一个优良品种，不过和一般的南瓜相比，它十分另类。首

先，它的颜色十分的特别，一般人们看到的南瓜没有成熟的时候都是墨绿色的，成熟后是橙黄色或者暗黄色，而姜柄瓜却是翠绿色的，要是不知道的人怎么也不会认为它就是南瓜的一个品种，再加上它的柄，看上去就像是一个青色的辣椒。姜柄瓜结合自身具有的特性，拥有较高的经济价值，可作为商品进行销售，高产低投入的特性也深受百姓的喜爱。

【保护措施】因当地农户喜欢该品种口味，市场价格高于其他品种而自发种植。

10
绿皮粉丝瓜

种质名称

绿皮粉丝瓜

采集编号

2022536633

学名

南瓜*Cucurbita maschata* D.

来源地

云南省楚雄州禄丰市

提供人信息

王正学，男

【主要特征特性】绿皮粉丝瓜属于茎圆形，分枝性强，叶圆形，深裂，有刺毛，花冠黄色或橘黄色，果皮硬，绿色，有不规则的白色条纹或斑块，属多年生蔓性草本植物。

【优异特性】产量高，可食用或饲用，瓜子可售卖，种植技术要求不高，管理较为粗放，无须花多少时间管理。

【开发与利用情况】绿皮粉丝瓜种植年限20余年，种植在田边、埂边即可，种植要求不高。成熟瓜表皮坚硬，呈现出花皮绿色，种子为黑色。瓜内部组织类似粉丝，被称为粉丝瓜，可食用或饲用，产量较高，每亩产量可达到3000 ~ 3500kg。当地人可将瓜瓤用于喂猪，瓜子可用于食用，以及售卖。此外，单株结瓜率高，产量也较高。绿皮粉丝瓜嫩瓜可炒食，但风味清淡，不受喜爱，因此多作饲料用，而种子营养价值极高。绿皮粉丝瓜富含蛋白质，每100g黑皮南瓜子中含有30g左右的蛋白质，这些蛋白质含有多种必需氨基酸，可以提供人体所需的营养物质，以及含有多种维生素和矿物质。在资源利用方面，由于该品种具有较强的抗性，如具有耐土壤瘠薄、低温、干旱和耐盐等优异特性和抗瓜类枯萎病和疫病等土传病害的能力，可以用作瓜类栽培的嫁接砧木。该资源具有较好的资源利用价值，可作为瓜类种质改良和抗性改良等储备资源材料。

【保护措施】该品种可用以饲用，瓜子可售卖，深受当地农户喜欢；作为嫁接砧木，具有一定的市场。农户自发种植。

11

野苦瓜

种质名称

雪山野苦瓜

采集编号

2021532011

学名

苦瓜*Momordica charantia.* L.

来源地

云南省保山市龙陵县

提供人信息

赵有彩，男

【主要特征特性】短序，攀援草本。茎细，被毛，具纵棱及沟。叶柄细，长4～9cm，具纵条纹，密被柔毛；叶片薄纸质，卵形，长5～20cm，宽5～13cm，不分裂，先端渐尖，基部深心形，边缘具短尖头状细锯齿，上面绿色，疏被短柔毛，背面淡绿色，密被短柔毛，基出掌状脉5条，细脉网状。卷须二歧，被短柔毛。花雌雄异株；雄花组成伞房花序，长约2cm，几乎自基部生花，无苞片；花芽球形，萼筒漏斗形，被柔毛，裂片狭三角形，花冠绿色，裂片卵状椭圆形，先端流苏状，雄蕊3枚，花丝短；雌花单生，密被短柔毛；萼筒内由基部向先端逐渐加宽，长约3cm，被短绒毛，裂片和花冠同雄花；子房椭圆形，长约8～10mm，密被短绒毛。果实卵形，长3～3.5cm，径3.5cm，平滑无毛，绿色，具浅色条纹，先端具短喙。

【优异特性】炒食降血压、清凉；根入药治疗跌打损伤。抗性好，耐贫瘠。

【开发与利用情况】苦瓜为近缘植物，分布于广西、贵州西南部和云南南部及东南部。该资源在当地低海拔河谷区均有分布，无须管理，全年均可开花结果，其抗性好、耐贫瘠。炒食降血压、清凉；肉质根入药治疗跌打损伤消肿。应加以保护并作为重要的中药材加以利用。

【保护措施】野生植物，其种子已保存于国家种质资源库及云南省省级农作物种质资源库。

12

辣椒瓜

种质名称

辣椒瓜

采集编号

2021532081

学名

小雀瓜*Cyclanthera pedata* (L.)Sehrad.

来源地

云南省保山市龙陵县

提供人信息

李素芬，女

【主要特征特性】辣椒瓜是葫芦科小雀瓜属的草质藤本植物，是一种稀有瓜类蔬菜。一年生攀援草本；茎粗壮，多分枝，有棱沟，无毛。叶柄粗壮，有棱沟，无毛，长5～15cm；叶片鸟足状5全裂，中间裂片较长，椭圆形或长椭圆状披针形，长7～16cm，宽2～6cm。雄花生有圆锥花序，花序轴纤细，长10～23cm，有棱沟，无毛；雄蕊花丝极短，连合成一中央轴柱，花药环状，圆盘形，径1.5～2mm；雌花在生有花序的叶腋内单生、双生及簇生；花萼和花冠同雄花。果实狭长圆形至狭长椭圆形，长5～7cm，径2.5～3cm，基部狭粗，具种子8～10枚。种子黑褐色，近长方形，长10～12mm，宽7～8mm，基部下延成锥形，顶端有2小尖头，边缘具小齿。花果期为夏、秋季。

【优异特性】含有丰富的钴，钴能活跃人体的新陈代谢，促进造血功能，并参与人体内维生素B_{12}的合成，是人体胰岛素细胞所必需的微量元素，对防治糖尿病、降低血糖有特殊的疗效；瓜中所含的果胶还可以保护胃黏膜，促进溃疡愈合，帮助消化。

【开发与利用情况】辣椒瓜号称世界上最小的瓜，原产于中、南美洲，中国仅西藏和云南有栽培。该资源瓜形如短牛角椒形，肉薄，嫩瓜质脆，有清香味，可炒食等。在云南的鲁甸、会泽、腾冲、陇川等地均有零星栽培。作为一种稀有特有药用资源开发利用。

【保护措施】野生植物，在云南的鲁甸、会泽、腾冲、陇川等地均有零星栽培，种子已保存于国家种质资源库及云南省省级农作物种质资源库。

13 小冬瓜

种质名称

小冬瓜

采集编号

2022539051

学名

冬瓜*Benincasa hispida* (Thunb.) Cogn.

来源地

云南省红河州绿春县

提供人信息

罗高斗，男

【主要特征特性】一年生蔓生或架生草本植物。茎被黄褐色硬毛及长柔毛，有棱沟。叶柄粗壮，被粗硬毛和长柔毛。雌雄同株，花单生。果实长圆柱状或近球状，大型，有硬毛和白霜。种子卵形。

【优异特性】该品种商品性状极佳，品质优，单果重2.5kg左右，亩产2t以上，抗性好，可搭架、可蔓生。

【开发与利用情况】绿春小冬瓜已小有名气，其鲜果销往全国各地，在淘宝等网站上有绿春小冬瓜种子销售。

【保护措施】受当地政府的鼓励，应重点打造“绿春小冬瓜”品牌，申请地理标志产品。扩大种植面积，发展地方冬瓜产业。

14
平河白皮黄瓜

种质名称

平河白皮黄瓜

采集编号

2022539008

学名

黄瓜*Cucumis sativus* L.

来源地

云南省红河州绿春县

提供人信息

白干沙，男

【主要特征特性】该品种果实巨大，长度30cm以上，直径12cm以上，果肉厚实。

【优异特性】果大，甜脆，抗性好，产量高，平均亩产10t。

【开发与利用情况】常凉拌食用，可作为特色蔬菜产业的原料。

【保护措施】因当地农户喜欢该品种的口味，有市场需求，农户自发种植。

15 兰坪望自山大蒜

种质名称

望自山大蒜

采集编号

2022535209

学名

蒜*Allium sativum* L.

来源地

云南省怒江州兰坪县

提供人信息

郭天雄，男

【主要特征特性】半年生草本植物，茎基部盘状，生有多数须根。呈扁球形或短圆锥形，外面有灰白色或淡棕色膜质鳞皮，剥去鳞叶，内有6～10个蒜瓣，轮生于花茎的周围，每一蒜瓣外包薄膜，剥去薄膜，即见白色、肥厚多汁的蒜瓣。有浓烈的蒜辣气味。

【优异特性】蒜味浓，好吃，个大，饱满，高产；抗病，抗虫，抗寒，耐贫瘠。

【开发与利用情况】兰坪县山区、半山区森林覆盖率高达70%～80%，水质好，无污染，昼夜温差大，作物干物质积累量高，土壤多为砂壤土，自然和农业生态环境好，生态多样性较高，自然因素控害能力强，空气、水、土壤无污染。望自山大蒜蒜皮极薄呈紫色，蒜瓣饱满且味浓，通常每年3月份点播种植，9月份收获。种植时以腐熟的牛羊粪等农家肥作底肥，抗寒及抗病能力强，当地居民不打农药，不施化肥，为当地居民自家食用的绿色无公害蔬菜。

【保护措施】因当地人喜欢其味，农户自愿种植。

16

小黄姜

种质名称

小黄姜

采集编号

P532123845

学名

姜*Zingiber officinale* Roscoe

来源地

云南省昭通市巧家县

提供人信息

罗有云，男

【主要特征特性】叶片线状披针形至披针形，幼株呈淡黄色，长大后为暗绿色，9月份后慢慢变为黄褐色，株高50～80cm。根系浅，根系不发达，入土浅，根系生长极慢，根数少且短，主要分布在30cm左右的范围内。根茎肥厚，呈块状，肉质，淡黄色，外被红色鳞片，横走，多分枝，具芳香及辛辣味。亩产可达2000kg，具有良好的市场口碑。

【优异性状】姜味浓，品质优，抗病，抗虫。

【开发与利用情况】小黄姜味辛、性热，归脾、胃经。具有杀菌消炎、预防感冒、增强食欲等功效。

【保护措施】因市场价格较高，种植的经济效益好，农户自愿种植。

17

涮辣

种质名称

涮辣

采集编号

2021532080

学名

辣椒*Capsicum annuum* L.

来源地

云南省保山市龙陵县

提供人信息

杨俊，男

【主要特征特性】该品种株高80～100cm，果实长卵状圆锥形，果皮略皱，未成熟时呈绿色，成熟后变成鲜红色或橙色，以红色最为常见，长3.7～5cm，宽2～3cm，单果重5～6g。

【优异特性】辣椒素含量高，产量高，较耐旱、耐瘠，抗性好，根系发达，吸收能力强。

【相关故事及传说】涮涮辣属茄科辣椒属植物，是野生小米辣的一个变种。涮涮辣原产于中国，主要分布于云南地区，在缅甸也有分布；在世界十大最辣辣椒中排名第10名，是小米辣的栽培变种，别称涮汤辣、象鼻辣、嘛茳胀线（傣语）；辣味极强，素称“辣中之王”，辣度约44.4万个史高维尔单位，辣度级别超过10级。傣语：“嘛茳胀线”，“一个涮涮辣够涮一头牛，一个涮涮辣可以从村头涮到村尾”。它还有一个别名：“象鼻辣”，云南是亚热带地区，过去经常有大象出没。据说，因大象不小心用鼻子碰在了这种辣椒上，辣的大象狂奔不止，鼻子不停地甩动，象鼻辣因此而得名。

【开发与利用情况】因果实中辣椒素含量高达3.54%，可用于制作镇痛、消炎、冻伤、止痒、杀菌、祛风湿等多种外用药物。在农业生产中用作环保型绿色生物农药，添加到电线、电缆、光缆护套中可防止老鼠、白蚁的蚀食伤害。还可用于制造催泪弹等警用防卫武器。最为常见的以鲜果调味为主，食用时将果实弄破，用筷子夹住辣椒轻轻地在汤汁中随便涮几下，其辛辣之味就已至极。用涮辣调制蘸水碟，只需点到为止，在蘸水碟里打个滚，清新、爽口、辣味十足，深受热带地区人们的喜爱。可盆栽，是当地辣椒产业主要品种之一。

【保护措施】因当地农户喜欢该品种口味，农户自家种植；政府重视，出台相关鼓励性政策和措施，支持发展包括涮辣在内的辣椒产业。

18

中米辣

种质名称

中米辣

采集编号

2022539081

学名

辣椒*Capsicum annuum* L.

来源地

云南省红河州绿春县

提供人信息

李波之，男

【主要特征特性】该品种株高80cm，果实长4~6cm，较小米辣要大。

【优异特性】早熟、抗病好，平均亩产1t。

【开发与利用情况】具有早熟、抗病等特性，有待于作为辣椒育种亲本加以利用。

【保护措施】因农户喜欢该品种口味而自愿种植。

19

老鼠屎辣

种质名称

老鼠屎辣

采集编号

P530925034

学名

辣椒*Capsicum annuum* L.

来源地

云南省临沧市双江县

提供人信息

刀志祥，男

【主要特征特性】收集地点海拔1373m，属于亚热带气候带，红壤。植物分类属茄科Solanaceae，辣椒属*Capsicum*，短锥椒*Capsicum annuum*。一年生，有性繁殖。日常用途：食用，加工原料。种质分布少，面临濒危。老鼠屎辣，属双江拉祜族佤族布朗族傣族自治县20世纪五六十年代热带、亚热带主要的辣椒品种之一，因果实短小，呈半锥、半圆形犹如老鼠屎大小，故当地俗称为“老鼠屎辣”。是腌制类食物、日常食用中最好的配料，深受当地百姓喜爱，具有很高的经济价值。

【优异性状】清香、极辛辣。

【开发与利用情况】老鼠屎辣可以鲜食，也可以加工成干辣椒或者可以加工成辣椒罐头腌制品，作为当地特色农产品开发的重要原料。目前，在双江县的热区有零星种植。

【保护措施】该品种由于产量低、难以自给自足，市场商品化率低，特别自20世纪90年代初期引进、推广高产杂交辣椒“湘研三号”等品种以后，该本地老品种逐渐减少，现处于濒危状态，仍没有有效的保护措施。可以在低海拔高热河谷区实行分户、分片区重点保护扩大种植，同时加强栽培技术指导、技术培训，提高种植水平；提高产品加工水平，宣传产品的特色和价值；鼓励地方企业与农户建立订单收购机制，增加农民收入，使当地优良老品种得以延续。

20
小雀辣

种质名称

小雀辣

采集编号

P532801002

学名

辣椒*Capsicum annuum* L.

来源地

云南省西双版纳州景洪市

提供人信息

李平，男

【主要特征特性】小雀辣为灌木状小米辣，是我国唯一野生的辣椒资源，仅限于热带和亚热带地区。植株开展度较大，长势较旺，分枝稍呈“之”字形曲折，多年生灌木状，植株一般3月开始开花，花期一直可延续到11月上旬。坐果性好，果长1.0～3.5cm，宽0.2～0.5cm，果实细小、种子淡黄色，辣味强。一年有两次采收盛期，第一次在4—5月，第二次在 9—10月，但3—12月都可采食。

【相关故事及传说】小雀辣是西双版纳森林中的一系列小米辣变种的总称，小雀辣在野生状态下，主要依靠小鸟吞食果实后的粪便传播繁殖生长扩散，故被称为小雀辣。未成熟的果实烤干后呈褐色，似老鼠粪便，又叫老鼠屎辣。成熟的果实果皮厚度和辣味适中，口感极佳，广受当地消费者的青睐。

【优异性状】耐高温潮湿、抗病、耐贫瘠和耐弱光。

【开发与利用情况】该系列变种是优质、耐高温潮湿、抗病、耐瘠薄的辣椒种质资源材料，具有特异优良性状，是辣椒品种选育宝贵的种质资源材料，具有良好的科研和开发与利用价值。

【保护措施】该地方资源发现于20世纪70年代的森林中，在森林中的果树较小。近年来，有农户采摘种子种植于房前屋后。目前，种子已经入国家库及云南省省级农作物种质资源库保存。

21 丘北辣椒

种质名称

丘北辣椒

采集编号

P532626002

学名

辣椒*Capsicum annuum* L.

来源地

云南省文山州丘北县

提供人信息

杨冰，男

【主要特征特性】一年生草本植物，株高、冠幅均为50～110cm，分枝3～7枝，根系分布在地表下13～20cm处，每株挂果100～400个。果实近线形，果实长5～13cm，果肩宽0.4～1.1cm，单果重0.6～0.8g。成熟后果皮呈鲜红色、紫红色，籽粒小，呈黄色扁平短肾形，千粒重5g。生育期170～180天，属晚熟品种，亩产100～300kg。据农业农村部农产品监督检验测试中心（云南昆明）检验，100g干椒中含维生素≥25mg、辣椒素≥43mg，蛋白质≥11.4%，脂肪≥4.5%，有机酸0.42g，胡萝卜素3.21g，含有钙、磷、镁等多种微量元素，营养丰富。与贵州、四川、宁夏等地区的普通干辣椒相比，粗脂肪（油脂含量）是普通干辣椒的3～4倍（可看到油脂析出），微量元素铁是普通干辣椒的2.7倍，维生素C含量是茄子的61倍、番茄的11倍。富含大量水溶性铁元素，辣香味适中。

【优异性状】色泽好、油脂含量高、香辣味浓、味道纯正、口感上等。

【开发与利用情况】丘北辣椒是蔬菜和香料作物，具有增加食欲、提振精神、促进血液循环、强胃健脾、驱寒除湿、活血消肿等功效，是丘北县几十万人民的生活必需品，是农民增收的重要途径之一。2022年，全县辣椒种植面积32.6万亩，产量30.98万吨，有多家企业加工经营丘北辣椒，全产业链产值25.38亿元，是当地的主要特色农业产业。

【保护措施】1983年12月，获得国家外经贸部颁发的优质出口荣誉证书，1999年11月，荣获“中国辣椒之乡”称号。2012年08月03日，农业农村部正式批准对“丘北辣椒”实施农产品地理标志登记保护。

22

漕涧苤菜

种质名称

漕涧苤菜

采集编号

P532929087

学名

宽叶韭*Allium hookeri* Thwaites

来源地

云南省大理州云龙县

提供人信息

刘世辉，男

【主要特征特性】产于海拔2600m以上高山草甸，可择酸性砂壤土栽植。于7—8月采花苞、花秆，用于腌制酸腌菜，色黄，酸香可口，色香味俱佳，是十分珍稀的野菜品种。漕涧苤菜，又名“仙苤”，中文名宽叶韭（学名：*Allium hookeri* Thwaites），是石蒜科（Amangllidaceae），葱属（*Allium*）多年生草本植物，鳞茎圆柱状，具粗壮的根；鳞茎外皮白色，膜质，不破裂。叶条形至宽条形，稀为倒披针状条形，比花葶短或近等长，宽5～28mm，具明显的中脉。花葶侧生，圆柱状，或略呈三棱柱状，高10～60cm，下部被叶鞘；总苞2裂，常早落；伞形花序近球状，多花，花较密集；小花梗纤细，近等长，为花被片的2～4倍长，基部无小苞片；花白色、紫色，星芒状开展；花被片等长，披针形至条形，长4～7.5mm，宽1～1.2mm；先端渐尖或不等的2裂；花丝等长，比花被片短或近等长，在最基部合生并与花被片贴生；子房倒卵形，基部收狭成短柄，外壁平滑，每室1枚胚珠；花柱比子房长；柱头点状，花果期8—9月。

【相关故事及传说】当地人又叫苤菜为“仙苤”，这与明代历史和道人山的由来有关。早在西汉时，口唐县（今漕涧）是益州郡西部的繁华之地，从叶榆（今大理）到口唐县的路线即经过道人山顶。后口唐又先后成了益州郡西部属国的治所和永昌郡治所（曾设过8年），这条经过道人山顶的通

道也就更是繁华了，过往行人络绎不绝。而到明惠帝即建文皇帝时（1399—1402年），有一名叫杨校录、道号海玄真人的道士到此传教。据道人山顶古碑记载，明惠帝在削藩加强中央集权时，被其叔燕王朱棣以出兵支前为谎言，攻陷京城。当时杨校录是惠帝的尚书，君臣二人便从地道逃出宫廷，流浪各地。于永乐元年（1403年）到云南。惠帝到武定狮山正续寺为僧，尚书杨校录到道人山修仙，以采药为生，同时外出募化。几年后有了积蓄，在道人山半山分别建盖了舍茶寺(在今松坡)和红花寺，收徒精心传教。他的道法影响颇大，后来人们就把这座山称为“道人山”。

《地方志新说》概述：“道人山是碧罗雪山之一峰，明朝末代永历帝西奔，大将李定国与叛将吴三桂激战高黎贡山，一名随员大臣杨荣，在战乱中失散，流落保山，埋名隐姓，伺机复明，后得知永历帝缢死，便向东长辞，啼血而泣，遂上山出家为道，结蘖为庐，立石为庙，自称海玄道人。”如今道人山还有诸多神话传说，例如今红花寺左侧有个石臼，说是海玄道人杨校录当年用来舂石子，煮后可变成一锅大米饭，上山的人还经常和他一起吃。又说山头那个人们称为“仙人打歌处”的平场，传说玉帝原来被海玄道人心坚如石、志高如山的修炼精神所感动，于农历每月十五，明月当空时，便派出仙女下来为他唱歌跳舞，慰藉其孤独之心，便踏出了这个平场。而在唱歌跳舞时，仙女们头上戴着的鲜花抖落在山上，便成了如今道人山上采之不尽的野苤菜，人们又称之为“仙苤”。

【优异性状】高产、优质、抗病和耐寒。

【开发与利用情况】漕涧苤菜虽是宽叶韭，但漕涧苤菜与其他宽叶韭又有很大的区别，首先，漕涧苤菜花茎呈三角形，其他地方的宽叶韭的花茎是圆形的；其次，漕涧苤菜以食用花蕾和花茎为主，以7—8月采花茎和花蕾腌制酸腌菜为主，而其他宽叶韭以食用叶和根为主；再次，漕涧苤菜是野生的，生长在海拔2600m以上的高山草甸地区，生长地区空气清新，土壤肥沃，无污染。用漕涧苤菜腌制的酸菜香味独特，口感丰富，酸甜可口，粗纤维含量高，营养丰富，是一款非常具有开发价值的无污染绿色食品，同时也是一款保健休闲食品。因此，漕涧苤菜具有较高的商业开发价值。

【保护措施】因当地人喜欢该品种口味，农户自愿种植。

23
盐津奶奶菜

种质名称

盐津奶奶菜

采集编号

P530623023

学名

芥菜*Brassica juncea* L.

来源地

云南省昭通市盐津县

提供人信息

刘忠强，男

【主要特征特性】奶奶菜，翠绿、肥硕有活力。特别是菜茎上的状如乳房的凸起，在川南地区，赢得了“奶奶菜”的美誉。盐津奶奶菜中含有多种营养成分，比如粗纤维、脂肪、胡萝卜素、蛋白质、糖类、铁、钠以及各种维生素等，都是人体所必需的物质；青菜中富含维生素C，不仅可以提高抵抗力，还有抗癌的作用；另外奶奶菜中还富含粗纤维，可以促进肠胃蠕动，缓解便秘。盐津奶奶菜主要产于中高海拔地区，产量高。现在的盐津奶奶菜比以前的更受人喜爱，成了盐津人生活中必不可少的菜品。

【优异性状】口感鲜甜清脆。

【开发与利用情况】目前，在盐津县种植面积亩产2000～2500kg，作为特色农产品开发前景广阔。

【保护措施】盐津县农技中心经过多年提纯复壮，提高品种纯度和种性，提高种植产量。有一定的市场需求，农户自愿种植。当地政府鼓励种植该品种作为发展蔬菜产业的内容，给予相应支持。

24 老寨青菜

种质名称

老寨青菜

采集编号

2022538439

学名

芥菜*Brassica juncea* L.

来源地

云南省文山州西畴县

提供人信息

卢世凯，男

【主要特征特性】该品种在当地种植约有100年以上的历史。一年或二年生草本，株叶高大，单株重2.5～5kg，株高1～1.5m，开花时植株超过2m，无毛，带粉霜；根粗，坚硬，常成纺锤形块根，顶端常有短根颈；基直立，有分枝。基生叶倒卵形或宽倒卵形，长20～30cm，坚实，深绿色，有光泽，基部渐狭成宽柄，全缘或有不显明圆齿或波状齿，中脉白色，宽达1.5cm，有多条纵脉；叶柄长3～5cm，有或无窄边；下部茎生叶和基生叶相似，基部渐狭成叶柄；上部茎生叶倒卵形或椭圆形，长3～7cm，宽1～3.5cm，基部抱茎，宽展，两侧有垂耳，全缘，微带粉霜。总状花序顶生，呈圆锥状；花浅黄色，长约1cm，授粉后长达1.5cm；花梗细，和花等长或较短；萼片长圆形，长3～4mm，直立开展，白色或黄色；花瓣长圆形，长约5mm，顶端圆钝，有脉纹，具宽爪。长角果线形，长2～6cm，宽3～4mm，坚硬，无毛，果瓣有明显中脉及网结侧脉；喙顶端细，基部宽，长8～12mm；果梗长8～30mm。种子球形，直径1～1.5mm，紫褐色，有蜂窝纹。花期4月，果期5月。

【优异性状】植株高大，单株重2.5～3kg，品质优，耐储存，加工品质好。

【开发与利用情况】嫩叶供蔬菜用，西畴县当地群众喜欢用老叶子作为酸菜原料。小面积零散种植，未形成规模，市场价格不稳定，每千克0.75～2元。

【保护措施】因该品种可作为主要的酸菜原料，深受喜爱，农户自愿种植。

25

刺天茄

种质名称

刺天茄

采集编号

P532901008

学名

茄*Solanum melongena* L.

来源地

云南省大理州大理市

提供人信息

李朝英，女

【主要特征特性】茄科茄属的多年生草本植物。茎直立，枝条有刺。叶片大，互生，卵形或椭圆形，有长柄，叶面有短柔毛。花单生于枝顶，外面密被星状绒毛及细直刺。果被星状毛及直刺，浆果球形，光亮，成熟时橙红色。全年开花结果。

多枝灌木，通常高0.5～6m，小枝、叶柄、花梗均密被8～11分枝，长短不相等的具柄的星状绒毛。蝎尾状花序腋外生，长3.5～6cm，总花梗长2～8mm，花梗长1.5cm或稍长，密被星状绒毛及钻形细直刺；花蓝紫色，或少为白色，直径约2cm。果序长4～7cm，果柄长1～1.2cm，被星状毛及直刺。

【优异性状】抗旱，耐贫瘠。

【开发与利用情况】刺天茄可以消炎解毒，镇静止痛，治风湿跌打疼痛、神经性头痛、胃痛、牙痛、乳腺炎、胆囊炎。果能治咳嗽及伤风，外擦可治皮肤病，叶汁和新鲜姜汁可以止吐，叶及果和籽磨碎可治癣疥。

【保护措施】种子已保存于国家种质资源库及云南省省级农作物种质资源库。因具有药用价值，当地农户自发零星种植自用。

26
边江野生小番茄

种质名称

边江野生小番茄

采集编号

P532929043

学名

番茄*Solanum lycopersicum* L.

来源地

云南省大理州云龙县

提供人信息

胡正川，男

【主要特征特性】边江野生小番茄是茄科茄属的地方野生种，生长在云龙县民建乡边江村怒江边至海拔1000m之间的田边地角、道路两旁。株高100～160cm。花黄色，五瓣（裂），无限穗状花序，单穗花6～7朵。坐果4～6粒，果实直径1cm左右，二心室，成熟后为红色，珍珠型。味道酸中带甜，番茄味浓汁多，口感极佳。据在当地工作过的同志讲，该品种在20年前数量较大，生长在路旁或是箐沟边，经常采集来拌面条吃，十分独特美味，一年四季均可生长，但在普查人员来到时已很难找到，仅在路边找到十几株，因此此份资源就显得十分珍稀宝贵；该品种生长在十分低热干燥的怒江河谷，是选育番茄新品种的极佳亲本材料。

【优异性状】耐热、耐旱、耐贫瘠和抗病。

【开发与利用情况】该品种可以直接作樱桃番茄开发利用，也可以作为抗病性、抗逆性、耐热性、耐旱性、耐瘠性、迷你型番茄品种选育的亲本材料，在科学研究和番茄新品种培育中具有极高的科学研究价值。

【保护措施】野生植物，种子已保存于云南省省级农作物种质资源库，当地仍有少量留存植株。

27 马关草果

种质名称

马关草果

采集编号

2022538334

学名

草果*Amomum tsaoko* Crevost & Lemarie

来源地

云南省文山州马关县

提供者信息

陆鑫，男

【主要特征特性】 干果呈纺锤形，果皮为棕褐色，果长2～4.3cm，平均单果重为3g，果皮坚韧，有明显的竖形皱纹，基部有果柄，内含有多粒多面形种子。每年4—5月为草果开花期，9—10月为成熟期。

【相关故事或传说】 马关草果栽培历史悠久，据文山州志记载，马关草果始种于明末清初，已有300多年的历史。

【优异特性】 具有特殊浓郁的辛辣香味，能除腥气，是烹调佐料中的佳品。

【开发与利用情况】 草果具有特

异香气，味辛辣微苦，种子含挥发油。主要成分为碳烯醛、香叶醇、柠檬醛、蒎烯、淀粉和油脂，具有食药两用价值。在食用方面，草果是一种调味香料，它具有特殊浓郁的辛辣香味，能除腥气，是烹调佐料中的佳品，被人们誉为食品调味中的“五香之首”，特别是烹调肉类更为重要，不论是炖煮鱼、猪、鸡、鸭，还是炖煮牛、羊肉，人们都要放入一点草果，能起到去腥除膻的作用，使味道清香可口。在药用方面，草果味辛性温，有温中健胃、消食顺气、祛寒祛湿的功能，并能解酒毒、去口臭。果实入药能治心腹疼、食积不消、食欲不佳、咳嗽痰多、胸满腹胀等症，草果的药用功能在各医书里都有记载。近年来，文山州委、州政府，按照“科学规划，因势利导，重点培育，集中连片”的原则，调整种植业结构，把马关草果产业作为区域优势特色产业培育。2001年，文山州马关县被誉为“中国草果之乡”，草果种植是马关县农村脱贫致富的特色产业。2021年5月24日，国家知识产权局批准“马关草果”为地理标志保护产品。

【保护措施】因其是烹饪佐料中的佳品，市场需求大，农民自发种植。被列入国家地理标志保护产品名单。

28
新荣百合

种质名称

新荣百合

采集编号

P532929009

学名

百合*Lilium brownii* var. *viridulum* Baker

来源地

云南省大理州云龙县

提供者信息

字照军，男

【主要特征特性】新荣百合是云龙县百合的发源地，50年前就有种植。百合是典型的食药兼用植物，既是大众喜食的优质无污染绿色菜品，又可入药，具有养阴润肺、清心安神之功效，常用于治疗

阴虚燥咳，劳嗽咯血，虚烦惊悸，失眠多梦，精神恍惚等症。

【优异性状】品质优，抗病和广适。

【开发与利用情况】新荣百合，假鳞茎洁白，蒸煮品质佳，生长期病害少，适应地域广，是保山、腾冲、德宏等地区百合种子的主要供种地区和主要栽培品种，具有广泛的商业开发价值，大面积种植时还可以带动当地的旅游业发展，同时在育种上也有突出的育种价值和科研价值。

【保护措施】食药两用，市场价格高，农民自发种植。

PART 04

四、果树

1

漕涧乌心梨

种质名称

漕涧乌心梨

采集编号

P532929039

学名

梨*Pyrus* L.

来源地

云南省大理州云龙县

提供人信息

段尹必，男

【主要特征特性】果圆皮薄，呈深黄色，肉厚多汁。

【优异性状】漕涧乌心梨果实成熟后，摘下用稻草捂藏半月，梨便自行糖化，梨肉全部变成乌黑色，甜味倍增。闻之，略有酒香；食之，蜜香甜腻，汁多味醇。

【开发与利用情况】漕涧乌心梨是云龙县地方特色的古老品种，誉满一方。每逢成熟季节，本地白族群众常常把乌心梨当作礼品馈赠亲朋好友。目前，零星种植，市场将长期处于供不应求的状态，市场前景十分广阔。

【保护措施】因口感好深受当地人喜爱，也作为当地人馈赠佳品，农户自愿种植。

2

香酥梨

种质名称

香酥梨

采集编号

P532925004

学名

梨*Pyrus* L.

来源地

云南省大理州弥渡县

提供人信息

罗庆恩，男

【主要特征特性】皮薄、梨的个头小、扁圆形、生时青、成熟时红白相间，食之甜脆。

【优异特性】早熟，易栽培，产量高，香酥可口。

【相关故事】当地民间流传有“东谷有仙子，香酥天下绝”的佳句，说的就是弥渡香酥梨天下独一无二。相传很久很久以前，这里气候独特，不知什么原因，粮食作物总是不会饱满，一遇干旱，当地人只好丢下老小跑到祥云讨饭，饿死人的惨剧时有发生。

当地有一位名叫梨花的姑娘，不但人长得漂亮，而且心地善良，以她的才貌，本可嫁个坝子里的富家子弟，但她舍不得年迈的父母，尽管说媒的络绎不绝，但她总是不答应，宁愿上山挖野菜、讨饭，也要照顾好爹娘。遇到荒年到外地讨饭，她总是把讨得的饭拿回来先给老人吃，年复一年，她的孝心感动了当地人，人们都把这姑娘当作教育孩子的榜样，男女老幼都非常敬重她。

有一天，观音菩萨路过祥云时，听说了这位姑娘的孝心如何好，就变成一个年迈的老太婆，来到她家的茅草房前要饭。梨花姑娘刚好把要到的饭倒给父母，自己只留一小点充饥，但她见这位老婆婆可怜，就把自己的饭倒给了她，然后拿起把锄头到山上挖野菜。

梨花姑娘走了很远很远，也许是大家都在挖，总是找不到可食的野菜，只好在一棵树下歇气。说来奇怪，她刚好坐下，要饭的老婆婆又来到她面前，梨花叹口气说：“老婆婆，你怎么又跟来了，我已经没有饭给你了。”老婆婆却笑眯眯地对梨花说：“难得你这份好心，我给你一把梨的种子，你走十步点一粒，点完了就有东西供全村人充饥了，只是点完后，你也会变成一棵梨树。你愿意吗？”梨花说：“只要能让全村人不挨饿，我死了也心甘情愿。”于是，老婆婆把种子交给梨花后就不见了。梨花觉得奇怪，心想一定是遇上神仙了，顾不得饿，就按着老婆婆说的走十步用锄头刨开土点一粒，一直点到太阳西下的时候才点完。梨花姑娘又累又饿，倒在地下就变成了一棵梨树。

当第二天太阳升起的时候，漫山遍野香气扑鼻，棵棵树上缀满像小红灯笼一样的梨，吃起来又香、又酥、又甜，当地人由于有了这些梨，就挑到城里换回粮食，从此以后再也不用挨饿了。为了感谢这位美丽、善良的梨花姑娘给当地人带来的幸福，当地人把这种梨取名为香酥梨，把梨花尊称为“香酥姑娘”，以此来纪念她。奇怪的是，这种梨在外地怎么栽，都栽不活，据说是香酥姑娘永远不愿离开家乡的缘故。

【开发与利用情况】香酥梨成熟果实向阳面胭脂红、皮薄，食之肉质细嫩无渣、香甜酥脆，因而闻名于省内外，是弥渡特有的一种水果。现如今种植面积达1.1万亩，年产量1.5万t，农业总产值达6000万元以上，成为弥渡东山一带农户增收的一项重要支柱产业，为东山绿化、巩固脱贫攻坚成果、推动乡村振兴奠定了坚实基础。它是弥渡县立足特色，挖掘弘扬土特产品的特色优势，强化科技服务、销售服务，做优做强香酥梨产业，让数百年特产“香”飘市场，成为农民增收致富的知名品牌型产业。近年来，为保护和发展香酥梨与小红梨，在东山区大于15°坡台区域大力扩种，总面积达2万余亩，结合农文旅产业的深度推进，每年“三八节”均举行东谷梨花节，通过线上直播等方式推介弥渡县优质资源，发展了旅游产业，为农文旅产业注入了新的元素，带动农户增收，为弥渡县创建“小河淌水，幸福弥渡”注入了新活力。

【保护措施】打造香酥梨知名品牌产业及农旅产业。

3

大理雪梨

种质名称

大理雪梨

采集编号

P532901003

学名

梨*Pyrus* L.

来源地

云南省大理州大理市

提供人信息

环姣姣，女

【主要特征特性】大理雪梨属沙梨系统，果实呈圆形或椭圆形，经贮藏一段时间后，皮色由绿色转为黄色，晶莹透亮。熟透的雪梨皮薄、肉质雪白细嫩，核小肉多，汁多香甜无渣。

【相关故事及传说】大理雪梨已有1000多年的历史，远在大理国、南诏国时期，每年梨熟时节，各地方官员都要选上等雪梨作为进贡果品，上贡给朝廷。相传宋朝，高僧宝珠和尚到鄯阐城（现昆明）讲经，曾把大理雪梨树苗带到昆明呈贡一带栽培，深受当地百姓的喜爱。人们为纪念这位宝珠和尚，就把引种的雪梨称为宝珠梨。所以，现今昆明一带有名的宝珠梨与大理雪梨同出一类，果形、味、色基本相同，只是大理雪梨因气候、土壤因素比宝珠梨更甜、肉质更细嫩一些。

【优异性状】味美质优。含有丰富的苹果酸、蛋白质、钙、磷、铁、维生素B、维生素C等多种营养成分。有生津止渴、润肺消咳之功效。

【开发与利用情况】农历八月初八是大理民间传统的耍海会。这一天，身着节日盛装的各族人民从四面八方涌向洱海划船游玩，不少人横渡洱海到海东，在梨树下歌舞野餐品尝雪梨，情趣盎然。现在，海东雪梨在栽培数量、质量上得到较大发展，年平均产量达30多万kg，最高年产量可达75万kg，已成为海东乡一项重要的经济支柱产业。

【保护措施】已推广种植，发展雪梨产业。

4

麦地湾梨

种质名称

麦地湾梨

采集编号

P532929035

学名

梨 *Pyrus* L.

来源地

云南省大理州云龙县

提供人信息

徐孝璋，男

【主要特征特性】麦地湾梨树高可达20m，冠幅20m²左右，自然生长直立性强，干性强；果形扁圆形，果实直径12cm左右，高10cm左右，单果重一般在400～600g，果皮薄呈鲜红色，色泽鲜艳美观、果肉呈白色、肉质细嫩、质脆、汁多、味甜、核小，风味独特、营养丰富；晚熟，每年的10月底至11月初（霜降过后）成熟；果实耐贮藏，可贮藏到次年梨花盛开时节。麦地湾梨口感嫩脆，梨香味浓郁，核小、汁多、味甜。其中可溶性固形物≥12.0%，硬度≥19.6N/cm²，总糖≥7.8%，氨基酸总量≥250mg/100g，维生素C ≥2.5mg/100g，可食率≥80%。

【优异性状】具有水分足、含糖量高、味甜口感好、耐储藏的特点。

【相关故事及传说】麦地湾梨的产业也有着悠久的发展历史。据《云龙县志》和《云龙县林业志》的记载，麦地湾梨是旧州乡水井村所产的一种黄皮梨，以其优质晚熟而著称。在1989年，已经嫁接了28000株，为该地区名特产品的开发找到了门路。

【开发与利用情况】麦地湾梨是云龙商业开发最好的一个梨树品种，是一个特晚熟梨树品种，果实可以储藏到次年三四月。产品已远销保山、德宏、临沧、昆明等国内地区和缅甸等东南亚国家。目前，全县种植面积已达2万亩，产值达4000多万元。麦地湾梨应加大商标保护和品牌创建力度，着力扩大品牌影响力，应把麦地湾梨打造成国内乃至东南亚的知名品牌。同时，麦地湾梨也是一个晚熟耐储的优质品种，是晚熟、耐储品种的优质育种材料。

【保护措施】2014年5月22日，农业农村部批准对“麦地湾梨”实施国家农产品地理标志登记保护。

5
秤砣梨

种质名称

秤砣梨

采集编号

P530625052

学名

梨*Pyrus* L.

来源地

云南省昭通市永善县

提供人信息

余维平，男

【主要特征特性】秤砣梨果实形状如秤砣，俗称秤砣梨，青皮、皮薄肉白色、核小、肉嫩汁多酸甜可口，单果重200～400g，盛果期亩产可达3500kg以上，种植于海拔600～1500m的区域。

【优异特性】营养和经济价值高，富含多种维生素，梨中的果胶含量高，有助于消化、通利大便，含有丰富的B族维生素，能保护心脏，减轻疲劳，增强心肌活力，梨所含的配糖体及鞣酸等成分，能祛痰止咳，对咽喉有养护作用，梨性凉并能清热镇静，常食能使血压有一定调节作用，改善头晕目眩，咽干上火等症状。

【利用与开发情况】随着梨的新品种更替，深受广大群众喜爱的秤砣梨将要灭绝，现在黄华镇金寨村锁关发现零星几株，有一株（约200年）还在开花结果，建议保护开发利用。

【保护措施】建议建立原生境保护点，同时将该品种列入国家种质圃保存。

6

个旧鲁沙梨

种质名称

鲁沙梨

采集编号

P532501039

学名

梨*Pyrus* L.

来源地

云南省红河州个旧市

提供人信息

刘艳红，女

【主要特征特性】鲁沙梨适应于海拔1300～1800m的缓坡山地种植，根系垂直根深可达2m以上，水平根分布较广，约为冠幅2倍。3月上旬开花，从现蕾至开花往往只有5～7天，花序为伞房花序。一个花序的花朵一般有5～7朵。鲁沙梨每年8月初成熟，果大皮薄，脆嫩无渣，肉厚汁丰，酸甜适口。平均果重280g，最大果重420g。果形像鸭梨，果面黄绿色带红霞，果肉白色。含有机酸0.39%，氨基酸0.071%，糖5.96%，维生素C87.15mg/kg，灰分1.71%。

【优异特性】果肉细腻、果心小、汁多可口，糖酸比适宜，品质优良，丰产抗病。

【开发与利用情况】观赏价值：每年3月，个旧市以鸡街镇毕业红村委会为主的鲁沙梨种植区万亩梨花盛开，具有极高观赏价值。营养价值：富含水分、蛋白质、脂肪、热量，糖类，亦含有维生素A、维生素B_2、维生素C、纤维、钾、钙、磷、铁等，属偏碱性食物，所含糖类中多果糖和葡萄糖，是强身的基本营养，另含苹果酸及柠檬酸，解渴散热利尿。除可帮助体内肠胃消化外，亦可增加粪便体积，是一种营养价值高的水果。其他价值：具有润肺凉心、消炎降火、解疮毒、醒酒和利尿等诸多功效。鲁沙梨在生产生活中的利用现状及产业发展情况：到2023年，全市鲁沙梨种植面积达到2万亩，其中鲁沙梨良种面积达1万亩，占总面积的50%以上；产量达到16000t，总产值达1.12亿元以上，建成设施先进、功能完善的现代化水果交易市场——个旧鲁沙梨交易市场，市场运行良好，逐步实现个旧鲁沙梨集团化生产、集约化经营。

【保护措施】建议打造鲁沙梨产业品牌、发展梨园经济及农旅融合产业。

7

棠梨（野梨）

种质名称

棠梨

采集编号

P530724120

学名

梨*Pyrus* L.

来源地

云南省丽江市宁蒗县

提供人信息

周德明，男

【主要特征特性】宁蒗棠梨为川梨，多年生乔木，高达12m，常具枝刺。小枝圆柱形，幼嫩时有绵状毛，以后脱落，二年生枝条紫褐色或暗褐色。叶片卵形至长卵形，稀椭圆形，长4 ~ 7cm，宽2 ~ 5cm，先端渐尖或急尖，基部圆形，稀宽楔形，边缘有钝锯齿。伞形总状花序，具花7 ~ 13朵，直径4 ~ 5cm。果实近球形，直径1 ~ 1.5cm，褐色，有斑点。花期3—4月，果期9—10月。是当地特有的野生梨，无人工栽培，主要分布在海拔1600 ~ 2800m的山区。

【优异特性】表现为抗病性强，耐寒冷，果色外观好看，果型大，产量中等，中熟，耐贮藏，品质优良。

【开发与利用情况】是当地栽培梨嫁接用砧木；材质优良，木材坚硬，纹理致密，可供制作高档家具和手工艺品；根、茎、叶、花、果实均可入药，有养胃、润肺的保健功效，花可以当野生蔬菜食用；果实虽小，但仍具有食用价值，可用于酿酒；具有较高的绿化观赏价值。

【保护措施】建议作为砧木资源列入国家砧木资源圃保存；深挖该品种综合利用价值，促进扩大种植规模。

8

晋宁清水梨

种质名称

晋宁清水梨

采集编号

P530122040

学名

梨*Pyrus* L.

来源地

云南省昆明市晋宁区

提供人信息

王聪，男

【主要特征特性】晋宁清水梨属蔷薇科梨属，多年生落叶乔木，高5～10m。叶片卵形或长卵形，叶顶端尖，基部圆形或宽楔形，叶面无毛。伞形总状花序，有花5～7朵，花瓣宽卵形，白色；果实近圆锥形，直径5～10cm，成熟时果皮向阳面呈红色，味酸甜，水分多，渣少。花期3月，果实成熟期9月。

【优异性状】具有高产、抗病、广适和耐寒的特点。

【开发与利用情况】晋宁清水梨是晋宁区古老的地方品种，20世纪80年代以前较为常见，现已濒临绝种。具有果皮薄、水分多、酸甜适中、食味好、产量高、抗逆性强的优点。对于梨树育种有较高的开发与利用价值。

【保护措施】因口感好农户自愿种植。加强该品种的育种应用评价。

9

磨盘梨

种质名称

磨盘梨

采集编号

P530381082

学名

梨*Pyrus* L.

来源地

云南省曲靖市宣威市

提供人信息

李正稳，男

【主要特征特性】属于地方老品种资源，较麻梨早熟，该品种果形似磨盘，兼具昭通黄梨、雪梨特征，果皮黄色，单果重400g左右，一般8月中下旬成熟，属偏碱性食物，果实富含维生素A、维生素B_2、维生素C、纤维、钾、钙、磷、铁等营养物质，所含糖类中多果糖和葡萄糖具有润肺凉心、消炎降火、解疮毒、醒酒和利尿的功效，果实不耐贮藏。

【优异性状】口感较好、肉细而甜、营养丰富。

【开发与利用情况】该资源特异珍贵，具有良好的科研和开发与利用价值。

【保护措施】已列为曲靖市级重点种质资源；鼓励相关企业和农户种植该品种；加强对该品种的研究评价，为宣威地方老品种果树资源遗传多样性分析以及优异基因挖掘夯实基础。

10 龙潭麻梨

种质名称

龙潭麻梨

采集编号

P530381063

学名

梨*Pyrus* L.

来源地

云南省曲靖市宣威市

提供人信息

李正稳，男

【主要特征特性】树大果大、长势旺、广适，便于栽培，20世纪70—90年代重点推广，果实圆形，均匀整齐，皮厚青黄色，果肉白色，肉质粗糙、汁多味甜，微有香味。精细管理单果重可达500～800g，3月上旬至中旬开花，10月上、中、下旬依次成熟，妥善保管可贮藏至来年2—3月，水分降低后流露淡淡清香，龙潭因种植面积大曾荣获“麻梨之乡”美称。

【优异性状】汁多味甜、产量高。

【开发与利用情况】该品种属偏碱性食物，富集维生素A、维生素B_2、维生素C、钾、钙、磷、铁等营养物质，糖类中的果糖和葡萄糖能够强身健体，所含柠檬酸具有解渴散热利尿的功效。20世纪90年代中期，龙潭水果饮料厂将麻梨做成鲜梨汁远销海外，致富千家万户。

【保护措施】已列为曲靖市级重点种质资源。进一步挖掘“麻梨之乡”的潜力，发展梨园经济。

11

无籽刺梨

种质名称

无籽刺梨

采集编号

P530381181

学名

缫丝花*Rosa roxburghii* Tratt.

来源地

云南省曲靖市宣威市

提供人信息

吕现昌，男

【主要特征特性】为蔷薇科多年生落叶灌木缫丝花的果实，生于海拔500～2500m的向阳山坡、沟谷、路旁以及灌木丛中，4—6月开花，8—9月成熟。果实多为扁圆球形，或圆锥形，稀纺锤形，直径2～4cm，果皮黄色，有时带红晕，密被针刺，味酸、涩，有浓芳香味，被称为“维C之王”。单宁500～1000mg，含酸1g，总糖4g。

【优异性状】药用价值高。

【开发与利用情况】叶、花、果入药有健胃、消食、滋补、止泻的功效。可用于治疗积食腹胀、痢疾、肠炎、维生素C缺乏症等，刺梨汁具有阻断N-亚硝基化合物在人体内的合成并具防癌作用，对治疗人体铅中毒有特殊疗效。已有企业开发经营加工果汁、果酱、果酒、果脯、糖果、糕点等产品。刺梨也是一种很好的观赏花卉和绿篱植物。

【保护措施】因在药用、食用等方面具有较高的价值，已推广种植。

12
他披梨

种质名称

他披梨

采集编号

P532621015

学名

梨*Pyrus* L.

来源地

云南省文山州文山市

提供人信息

黄忠华，男

【主要特征特性】因生长在文山市坝心乡他披村而得名，文山他披梨的栽培历史悠久，据说有300多年的种植历史。他披梨个大匀称，单果重300～400g，果周长32～35cm，果形为微圆形，果底和果顶微小，中部膨大，果蒂凹陷；果皮碧绿色或黄绿色。

【优异性状】皮薄，肉厚，果心小，肉色玉润，肉质脆嫩多汁，化渣，风味清甜爽口。

【开发与利用情况】他披梨是坝心乡的特产，也是文山市主要经济林果之一。随着近年来消费市场的扩大，文山市也进一步加大了扶持力度，制定出台了一系列政策措施，从政策、资金、技术等方面大力扶持果农实行规模化种植、产业化发展，全年种植面积5000余亩，亩产值3500～5000元。经过政府引导和技术支持，2009年，成立了明春他披梨种植农民专业合作社，目前已形成一定的规模，正逐步发展壮大，为种植户提供技术支持和销货渠道，通过建造冷库储存梨和加工梨膏，提高产品价值。

【保护措施】2010年9月13日，农业部批准对“文山他披梨”实施农产品地理标志登记保护。

13

平川蜂糖梨

种质名称

平川蜂糖梨

采集编号

P532924009

学名

梨*Pyrus* L.

来源地

云南省大理州宾川县

提供人信息

韩入山，男

【主要特征特性】平川蜂糖梨是宾川县一地方品种，品种来源是前人留下的。平川位于宾川县东北部，属五顶山褶皱斜坡山区。平川镇海拔1802.9m，因具有得天独厚的自然环境，产出的蔬菜和水果口感独特，个大味美，种植蜂糖梨历史悠久。平川蜂糖梨树已有着上百年的历史。

平川蜂糖梨树冠婆娑、枝条柔密、叶片修长，植株开展度较大，生长势较旺，抗炭疽病，疮痂病等。该品种开花期在每年的3月初，成熟期在10月初，株高在2.2m。果实大小：纵径13cm，横径12cm，果实品质优，座果性好，成熟梨果形上圆下窄，表皮光润、肉质酥软，果汁甘甜沁喉、美味无比，一捏即碎，一咬就爆汁，且富含各种有机酸、蛋白质、矿物质和维生素，具有保肝、助消化、生津、润肺清热化痰、止咳、降火、解酒之功效，实为梨中佳品。

【优异性状】优质、抗病、抗旱、耐寒；皮薄、核小、化渣、汁水多、香甜、脆嫩。

【开发与利用情况】鲜梨食用或加工成干梨片，目前在宾川县种植面积1200亩左右。作为特色水果开发前景广阔。

【保护措施】口感好，经济价值高，农户自愿种植，目前已推广种植，发展特色水果产业。

14 山转湾雪梨

种质名称

雪梨

采集编号

P532924028

学名

梨*Pyrus* L.

来源地

云南省大理州宾川县

提供人信息

环体兰，女

【主要特征特性】该品种开花期在每年的3月下旬，成熟期在9月中旬，株高在1.5m。果实大小：纵径12cm，横径11cm，丰产周期长、种植技术要求不高、口感好、适宜广大群体接受。雪梨是宾川县山转弯一地方品种，品种来源是前人留下。云南宾川三转弯，地处北纬25°、海拔2229m的云贵高原，这里海拔高、温差大、无污染，是公认的优质水果生产区。目前，三转弯村雪梨种植面积已达到2000多亩，已成为三转弯村农民致富的特色产业。

【优异性状】果实品质优、座果性好、植株舒展、生长势强、抗病力强。

【开发与利用情况】抗病能力强，种植技术要求不高，生产种植中，种植户能够低投入高回报，没有过多的种植风险。它口感好，深受消费者青睐，加上城市扩建、新品种的跟风使现如今“雪梨”种植面积逐步减少，它有着酥脆化渣、水润甜而不腻的口感，在梨界保留一席之地，给种植户带来了理想的经济收益，留住了外出务工者和返乡大学生，为种植户以及经销商们带来幸福美满的生活。

【保护措施】口感好，经济价值高，农户自愿种植，目前已推广种植，发展特色水果产业。

15

小红梨

种质名称

小红梨

采集编号

P532925001

学名

梨*Pyrus* L.

来源地

云南省大理州弥渡县

提供人信息

罗庆恩，男

【主要特征特性】小红梨多产于气候温和，水分充足的弥渡县红星、新庄一带，易栽培。梨的个头中等、鹅卵形、储存期长达6个月，久藏至冬春则心乌，称为乌心梨，食味更佳，经济效益更高。

【优异性状】味酸甜、品质好、耐储藏、高产、优质、抗病、抗旱和耐贫瘠。

【开发与利用情况】是弥渡县水果主导产业，规模大，经济效益高，成为弥渡东山一带农户增收的一项重要支柱产业，为东山绿化、巩固脱贫攻坚成果、致富奔小康奠定坚实基础。

【保护措施】发展小红梨等水果产业。

16 漾濞玉香梨

种质名称

玉香梨

采集编号

P532922014

学名

梨*Pyrus* L.

来源地

云南省大理州漾濞县

提供人信息

张木海，男

【主要特征特性】漾濞玉香梨是一个优质的地方优良品种。漾濞玉香梨果实较大，平均重238g，最大的可达628g；果心较小，果实可食部分平均达82.81%，最高可达86.73%。平均纵径6.9cm，横径6.1cm，近圆形或椭圆形；基色绿黄色或黄红色，上布点状锈斑。果肉白色，采收时汁液较多，酸味较浓；贮藏一段时间后，汁液减少，酸甜适宜，并散发出诱人的蜜香，品质上等。根据检测，每100g鲜果肉含总糖10.54g，含有机酸1.11g，糖酸比9.5：1，含维生素C60.91mg。含果胶质14.73mg，含单宁313.55mg/L；每100g干果肉含蛋白质0.68g。果实品质可与天津鸭梨媲美。

【优异性状】果皮较薄、细嫩化渣，维生素C含量是鸭梨的8倍，是所有水果中最高的，可以称为“VC之王”。

【开发与利用情况】具有五大特点与优势，一是产自高寒雪山上，周期长，生长期足，口感良好，是不多的寒带水果品种；二是维生素C含量是鸭梨的8倍，是所有水果中最高的，可以称为“VC之王”；三是单宁含量是鸭梨的1倍多，单宁是抗衰老、抗氧化的重要可提取元素；四是玉香梨中有一股淡淡的涩味，就是单宁的味道；五是玉香梨也可以称为“美容果”“长寿果”。

【保护措施】在漾濞县广为栽培，发展玉香梨水果产业。

17

红玛瑙石榴

种质名称

红玛瑙

采集编号

P532524009

学名

石榴*Punica granatum* L.

来源地

云南省红河州建水县

提供人信息

普洪文，男

【主要特征特性】建水传统地方名特果树。红玛瑙石榴果为圆球形，果大匀称，平均果重390g，大者可达1000g，果面底色呈淡黄色，成熟后则全面呈鲜红色。果面洁净，无病虫害、果面干瘪和机械伤；总糖11.7%，氨基酸总量72.59%，可溶性固形物含量15.0%。剥开粉色的果皮，晶莹剔透的籽粒，红似玛瑙，冰清玉洁，饱满多汁。一粒入口，舌尖酸酸甜甜的甘爽滋味，让人欲罢难休。

【优异性状】红玛瑙石榴高产，优质，抗病，抗旱，广适，耐寒，耐贫瘠，适应性广；果大匀称，籽粒大，色泽好，汁多，味浓，酸甜爽口，有食后回甜的特点。

【相关故事及传说】清康熙《建水州志》“物产篇”已有关于建水石榴的记载，并将沙坝石榴列为“最有特色之水果”之一。中国水果分类学家吴耕民先生在《温带果树分类学》中，也将红玛瑙石榴品种列为全国性优良品种。

【开发与利用情况】建水传统地方名特果树。红玛瑙石榴全身是宝。其根、茎、花、叶、籽、皮均可入药。果实中含多种矿物质、氨基酸和微量元素，是抗氧化、健胃提神、延年益寿的佳品。石榴汁酸度适中，呈天然玫瑰之色，口感极佳，与甜石榴相比，有着无可比拟的加工优势；其石榴皮、石榴籽可提炼丹宁、花青素、精油等物质。红玛瑙石榴所具有的营养价值、药用价值、保健价值等多种功能不言而喻，截至2022年，红玛瑙石榴种植面积达到2.47万亩，约占总面积的49.4%；产量达到39520t，总产值达2.59亿元，主要销往省内及江西、广西、广东，已成为助农增收的重要产业。

【保护措施】红玛瑙石榴在中国具有独特性，已被农业农村部列入国家《特色农产品区域布局规划》。石榴已发展成为当地特色水果产业。

18
蒙自甜绿籽石榴

种质名称

甜绿籽

采集编号

P532522024

学名

石榴*Punica granatum* L.

来源地

云南省红河州蒙自市

提供人信息

张显，男

【主要特征特性】蒙自甜绿籽石榴是具有地方特色的名、特、优、稀果种，其种植历史悠久，据史料记载距今已有800多年的历史。蒙自甜绿籽石榴果实呈圆球形，黄绿色果皮，平均单果重248g，最大果重800g，果皮薄，籽粒大，肉厚核软小可食，该品种3月开花，8月上旬成熟，是全国石榴品种中成熟较早的。

【优异特性】汁多味清甜爽口，品质上乘，蒙自石榴与其他产区石榴的相比，具有“上市时间早、挂果时间长、果粒肉汁多、微量元素高”的优势和特点，以其色、形、味俱佳而冠压群芳。

【开发与利用情况】蒙自甜绿籽石榴主要以鲜食为主，加工产品有石榴酒、石榴汁等，石榴全身可作药用，果实可治疗久泻、便血等症；果皮、根皮等对痢疾杆菌、绿脓杆菌和伤寒杆菌等均有一定抑制作用。

【保护措施】农户喜欢该品种口味，自愿种植，经济价值高，已发展石榴水果产业。

19

杧果（华芒2号）

种质名称

杧果（华芒2号）

采集编号

P530723018

学名

杧果*Mangifera indica* L.

来源地

云南省丽江市华坪县

提供人信息

陈矫，女

【主要特征特性】华芒2号果皮呈红色，果色艳丽，果肉淡黄色，肉质细腻，可溶性固形物含量14%，糖分18%。

【优异性状】果实外观艳丽，味甜，肉质细腻，耐寒，且对白粉病和角斑病有抵抗力，耐储运，有利于长途运输，可以在1400～1700m的海拔种植，有利于在高海拔地区种植。

【开发利用情况】2017年5月，华坪县有机晚熟杧果研究中心郭学红主任带领相关技术人员开展优异杧果种质筛选时，在华坪县荣将镇哲理村3组一农户自家果园，发现两株变异单株，通过观察，此变异株同其他品种有不同之处，及时将相关情况向县委、县政府汇报，并采集枝条在华坪县杧果种质资源圃嫁接保存观察。2017—2021年，连续5年对其植物学性状、品质、抗性进行研究，发现该品种果实外观艳丽，肉质细腻，味甜，种植在海拔1700m的区域品质仍没有变化，且对白粉病和角斑病有抵抗力，是一个适宜高海拔种植的优异种质资源，且适合长途运输，增加了市场的竞争力。

【保护措施】保存于华坪县杧果种质资源圃。

20 象牙杧果

种质名称

象牙杧果

采集编号

P532123015

学名

杧果*Mangifera indica* L.

来源地

云南省昭通市巧家县

提供人信息

杨从万，男

【主要特征特性】象牙杧果植株高大，枝条长而粗壮，高产优质。因果形如幼年象牙而得名，果大，果实成熟时呈金黄色，果长18～21cm，宽7.5～8cm，单果重500g左右。

【优异特性】果大，果形似象牙，高产，肉质细腻，香甜如蜜，含有丰富的糖、维生素，以及人体必需的微量元素，营养价值高。

【开发与利用情况】“杧果飘香”是巧家县七月的写照，“一方水土孕育一方特色”。巧家县处于金沙江干热河谷地带，干旱、少雨、空气湿度小、气候燥热，年平均温度达21.2℃，素有天然“大温室”之称，是象牙杧果等热区水果的理想之地。正是如此得天独厚的自然条件使巧家县象牙杧果与全国同类水果相比，肉质细腻，香甜如蜜，含有丰富的糖、维生素，以及人体必需的微量元素，营养价值高，被视为果类珍品。主要分布于白鹤滩镇、金塘镇、蒙姑镇等乡镇，销往北京、广州、昆明等各大城市，销售价格较高。象牙杧果是高产优质的种质资源，目前种植面积1000余亩，果实除鲜食外，还可加工成果汁、糖水果片、蜜饯等食品。巧家象牙杧果的发展前景广阔，成为农民增收的特色产业。

【保护措施】经济价值高，发展杧果特色产业。

21
西畴县桐子林胶桃

种质名称

西畴县桐子林胶桃

采集编号

2022538441

学名

番石榴*Psidium guajava* L.

来源地

云南省文山州西畴县

提供人信息

毛钧，男

【主要特征特性】地方特色野生果树。每年5—7月开花，9—11月果实成熟。

【优异特性】果实口感好，有特殊的浓郁香味。

【开发与利用情况】地方特色野生果树，嫩叶生嚼吞服，对治疗腹泻有奇效，果实可食用，成熟期芳香浓郁，当地人称为“胶桃”。

【保护措施】保存于国家云南特有果树及砧木种质资源圃（昆明）。

22
西畴县捏捏果

种质名称

西畴县捏捏果

采集编号

2022538520

学名

云南刺篱木*Flacourtia jangomas* L.

来源地

云南省文山州西畴县

提供人信息

毛钧，男

【主要特征特性】地方特色野生果树，树皮灰褐色。浆果红色。

【优异特性】特色水果，食用方法和风味独特，果实酸甜清爽，富含维生素等多种物质。

【利用与开发情况】直接食用比较酸，需要用手揉捏，软化去皮后味道变酸甜，当地人俗称“捏捏果”。可以生食或制蜜饯和果酱，具有解渴纾困等功效。

【保护措施】保存于国家云南特有果树及砧木种质资源圃（昆明）。

2022538520
捏捏果
2022.8.10

23

清水塘本地花红

种质名称

花红

采集编号

2021536015

学名

苹果*Malus pumila* Mill.

来源地

云南省玉溪市华宁县

提供人信息

可进福，男

【主要特征特性】植株生长缓慢，属于喜凉物种，生长温度在16～21℃之间较好，果实直径4～5cm，株型紧凑，株高约780cm，现为枝条嫁接15年树。

【优异特性】口感清脆，香甜，解渴，营养高，水分充足，栽植成本低。

【开发与利用情况】清水塘本地花红，特异地方品种，百年老树已死，百年老树直径约70cm。该品种花红，从古至今一直在本地进行嫁接栽植。果实口感酸甜，甜味居多，果实颜色由绿色逐渐转变成红色，当果实中2/3是红色时，食用时是清脆的；当果实全部变成红色后，果实肉质变软，口感变差。该品种花红，具有低投入高收获的特点，一棵中小型花红树可采摘80～100kg的果实。此外，据了解，本品种的花红除了在华宁县清水塘种植，其他地方未发现，主要还是由于气候问题。该品种的花红植株，易受到虫害的破坏，每年都需要对其进行防控处理。在当地，基本每家都会种植几棵花红树，一方面可以用于水果食用，另一方面也预示这一年过得红红火火，预示着本年是个好兆头。

【保护措施】农户自家种植，收集后种植于中国农科院果树研究所繁殖。

24

丽江海棠

种质名称

丽江海棠

采集编号

P530721009

学名

苹果*Malus pumila* Mill.

来源地

云南省丽江市玉龙县

提供人信息

杨凤清，女

【主要特征特性】丽江海棠（西府海棠）纳西语叫“多利久补”，3月开花，有单瓣、重瓣两种，花色白中透红，形似小莲，十分艳丽，树态峭立，枝条畅密，叶绿花香，适合美化庭院，极具观赏价值。果色鲜红，果子直径1~1.5cm。

【优异特性】富含营养物质，具有收敛止泻，和中止痢之功用。

【相关故事及传说】丽江种植海棠由来已久，晚清纳西诗人和松樵曾留下诗句：“海棠古树簇城南，照影红沉白马潭，时有游人三五聚，树边花下坐清谈。”勾画出了丽江海棠花开时节的美好风景，现今在丽江玉龙纳西族自治县拉市镇种植最多。

【开发与利用情况】丽江海棠是丽江的一道风景，海棠春观花、秋采实，既美化环境，又有不错的经济效益。海棠含有大量的营养物质，如糖类、多种维生素、有机酸等，可供给人体养分、提高机体免疫力，具有收敛止泻，和中止痢之功用。由丽江绿丫头食品有限公司加工制作的海棠果果脯，深受当地百姓的喜爱，成为中外游客旅游必买的丽江土特产，丽江海棠开发利用价值较高，前景广阔。

【保护措施】已推广种植，发展海棠果果脯产业。

25
大树菠萝

种质名称

波罗蜜

采集编号

2021536108

学名

波罗蜜*Artocarpus heterophyllus* Lam.

来源地

云南省玉溪市华宁县

提供人信息

韦保昌，男

【主要特征特性】特异引进品种，该波罗蜜是20世纪初修建滇越铁路时从越南引进种植，种植历史110多年。树高10～20m，树皮黑褐色；叶革椭圆形，螺旋状排列；花雌雄同株，果实成熟时表皮呈黄褐色，表面有瘤状凸体和粗毛。

【优异特性】营养价值高，经济价值高，产量高，栽植成本低，易于管理。

【开发与利用情况】具有优质、抗病、抗虫的特点，果实甜糯，每年该树产50～70个波罗蜜，200～300kg。原产于越南，与其他波罗蜜相比口感好，果肉甜糯、香；种子可煮食，香糯，具有养胃的功效。此波罗蜜具有较高的营养价值，如富含维生素C、维生素A、维生素B_6、矿物质（如钾、镁和锰）等。维生素C是一种抗氧化剂，有助于增强免疫系统和促进胶原蛋白的合成。波罗蜜的果肉含有高水分，有助于保持身体的水分平衡。此外，大树波罗蜜具有遗传资源的价值，波罗蜜种群具有丰富的遗传多样性，对于保护和维持物种的遗传基因库至关重要。野生波罗蜜的基因资源可以用于改良和培育栽培品种，以提高耐病性、产量和品质。因此，对于种植百年以上的品种资源，这些品种代表了农业历史的一部分，它们承载着传统农业技术、农作物选育和种植习俗的丰富知识。

【保护措施】在中国热带果树资源圃繁殖。保留和传承这些品种有助于保护农业文化遗产和传统知识，它们可能具有适应当地环境的特殊性状和耐逆性，这些品种的遗传资源对于未来的农作物改良和育种具有重要意义。

26
环田樱桃

种质名称

环田樱桃

采集编号

2022537014

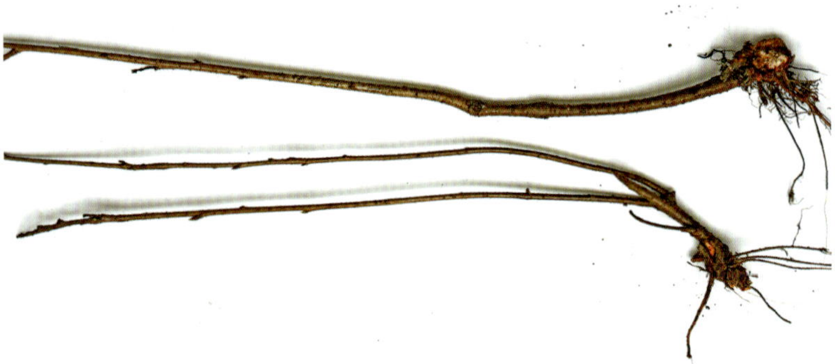

学名

樱桃*Prunus pseudocerasus* Lindl.

来源地

云南省昭通市大关县

提供人信息

刘坤银，男

【主要特征特性】种植历史悠久，果实外观或内在品质好，是云南省大关县翠华镇雄魁村委会的特产，独具特色的环田樱桃，种植历史达100多年。花白色带红晕，果实近于球形，鲜红水灵，肉厚核小。

【优异特性】果面光滑，外观漂亮，肉厚、汁多、味甜微酸、品质好，成熟上市早。

【开发与利用情况】甜味浓郁，果形美观，营养丰富。

【保护措施】因口感好，农户自愿种植，目前在当地政府的支持下，发展樱桃水果产业。

27
塘房樱桃

种质名称

中国樱桃

采集编号

2022537107

学名

樱桃*Prunus pseudocerasus* Lindl.

来源地

云南省昭通市大关县

提供人信息

车元顺，男

【主要特征特性】乔木，高2～6m，树皮灰白色。小枝灰褐色，嫩枝绿色，无毛或被疏柔毛。冬芽卵形，无毛。叶片卵形或长圆状卵形，长5～12cm，宽3～5cm，先端渐尖或尾状渐尖，基部圆形，边有尖锐重锯齿，齿端有小腺体，上面暗绿色，近无毛，下面淡绿色，沿脉或脉间有稀疏柔毛，侧脉9～11对；叶柄长0.7～1.5cm，被疏柔毛，先端有1或2个大腺体；托叶早落，披针形，有羽裂腺齿。

【优异特性】果面光滑，肉厚、汁多、味甜微酸、品质好，成熟上市早，售价高。

【相关故事及传说】每年4月中旬到5月初，悦乐镇沿关河河谷两岸到处是红彤彤的樱桃，这里的村民有一段顺口溜来描述樱桃成熟时的景象："一路樱桃一路人，小桥流水两岸青，鲜菜美果任你挑，庭园美味由你选，品了一样乐一样，车水马龙繁村庄，农民钱儿兜里装。"说的就是塘房樱桃成熟时游人不但可以在远处一饱眼福，还可走进樱桃园中一饱口福。

【开发与利用情况】地方特有、特优资源。无论从视觉还是味觉的角度来说，塘房樱桃都属上品。塘房樱桃果实成熟时呈圆球形，果皮鲜红透亮，果肉酸甜适口，果汁多，让人垂涎欲滴。塘房樱桃，不仅果形好，果味佳，而且营养十分丰富。经科学分析，樱桃中含有柠檬酸、酒石酸、糖类、蛋白质以及钙、磷、铁和维生素A、维生素B、维生素C等多种成分。塘房樱桃畅销昭通、昆明、四川等地。

【保护措施】扩大种植面积，发展樱桃等水果产业。

28

塘房李

种质名称

塘房李

采集编号

2022537074

学名

李*Prunus salicina* L.

来源地

云南省昭通市大关县

提供人信息

李坤明，男

【主要特征特性】大关县塘房李种植历史悠久，是大关县远近闻名的地方传统特色产品。果实大，圆形，整齐，缝合线较明显，两半较对称，果顶平或凹。果面绿黄色，果粉厚。果肉绿黄色，肉质细腻，清香脆嫩，纤维少，汁较多，味甜。核小，离核。

【优异特性】品质佳。

【开发与利用情况】每年6—7月塘房李一经上市，便受到周边广大消费者的一致青睐，好的效益让当地群众发展塘房李产业的积极性越来越高，村民们通过微信、抖音等电商平台，推荐自家或者周围种植品质好的进行线上线下的销售，进一步提升了悦乐镇塘房李的知名度。塘房李不仅销往周边地区，还销售到了北京、上海、新疆等地，有效促进了塘房李产业发展和乡村振兴。

【保护措施】扩大种植面积，发展李产业。

29

老母猪李

种质名称

老母猪李

采集编号

P530923054

学名

李*Prunus salicina* L.

来源地

云南省临沧市永德县

提供人信息

李发珍，女

【主要特征特性】老母猪李为永德县一地方品种，种植历史百年以上。适宜在中高海拔地区种植，株高3～4m，果形大，果皮黄色，果肉黄色，果肉汁多味甜。

【优异特性】高产优质。

【开发与利用情况】该地方品种是一份珍贵的李种质资源材料，具有良好的科研和开发利用价值。

【保护措施】因当地农户喜欢该品种的口味而自愿种植。

30 凤庆山李子

种质名称

凤庆山李子

采集编号

P530921001

学名

李 *Prunus salicina* L.

来源地

云南省临沧市凤庆县

提供人信息

张诚，男

【主要特征特性】凤庆山李子又称胭脂果，是一种“紫色奇异果”，富含花青素。树冠最高可近30m，树皮灰褐色，叶片长椭圆形、卵状椭圆形或椭圆状披针形，开白色花。生长于海拔1200～2500m的地区，一般生于常绿或落叶阔叶混交林中。个头不大，比跳棋珠子要大一些，盛果期在每年的8月份，果实和荔枝一样一串一串的生长，果肉里面包着一颗比跳棋珠子略小的果核，果核很硬，椭圆形。

【优异性状】凤庆山李子的皮是紫色的，果肉也是紫色的，有特殊香味。

【开发与利用情况】当地群众根据特性把山李子晾至半干，或加水鲜煮至肉核分离，加冰糖熬制，做出美味可口的山李子果酱，可密封后冷藏在冰箱里长达半年不变味，味道酸甜可口，爽人味蕾，老少皆宜。还可取之泡成酒，酒体色泽殷红，酸甜可口，有开胃健脾和养生的效果。同时，山李子紫色的果实汁液中富含花青素，具有抗氧化作用，能有效阻击“自由基”，具有养生功效。花青素还具有神奇的抗血管硬化作用，可阻止心脏病发作及脑中风，且具备很强的抗氧化力和防衰老功效，对预防癌症、增强记忆力有一定效果。种植15年以上树龄的山李子，在正常生长空间内每株可实现采收鲜果500kg以上，收入可达0.5万元左右，有力助推了农民增收。

【保护措施】农户自家种植，2023年入选第三批全国名特优新农产品。

31
香脆李

种质名称

香脆李

采集编号

P532621024

学名

李*Prunus salicina* L.

来源地

云南省文山州文山市

提供人信息

黄发全，男

【主要特征特性】香脆李品种起源于文山市古木镇，农民用本地脆皮李枝条嫁接繁殖变异形成，已有20多年的种植历史，果实外观成色好，果肉肉质细嫩、清脆汁多、香甜。每年当地其他品种的李子已采收结束，香脆李刚好上市，满足市场需求。

【优异性状】具有丰产、优质、抗病、晚熟等特性。

【开发与利用情况】文山优良的降水、光照、热量和土壤条件，使出产的香脆李口感好、香脆甜，且晚熟特性刚好补上其他李子已采收结束的空窗期，经济价值较高，每亩产值可达5000～8000元，故当地农民群众种植积极性较高。

【保护措施】因口感好，经济价值高，农户自家种植。

32
和坪野生猕猴桃

种质名称

和坪野生猕猴桃

采集编号

2022537082

学名

中华猕猴桃*Actinidia chinensis* Planch.

来源地

云南省昭通市大关县

提供人信息

李坤明，男

【主要特征特性】野生特优资源。枝呈褐色，有柔毛，髓白色，层片状。叶为纸质，无托叶，倒阔卵形至倒卵形或阔卵形至近圆形，长6～17cm，宽7～15cm，顶端截平形并中间凹入或具凸尖、急尖至短渐尖，基部钝圆形、截平形至浅心形，边缘具脉出的直伸的睫状小齿，腹面深绿色，无毛或中脉和侧脉上有少量软毛或散被短糙毛，背面苍绿色，密被灰白色或淡褐色星状绒毛，侧脉5～8对，常在中部以上分歧成叉状，横脉比较发达，易见，网状小脉不易见；叶柄长3～10cm，被灰白色绒毛或黄褐色长硬毛或铁锈色硬毛状刺毛。

【优异特性】果较大，风味好。

【开发与利用情况】可作为优株培育猕猴桃新品种在生产上推广应用。该种野生猕猴桃，多分布于海拔2000m以上的原始森林，盘绕于高大乔木上，味酸甜，当地作水果食用。果实长圆柱形，平均单果重为40g，较大，成熟果实果肉黄绿色，汁多、味酸甜，带有一股独有的浓郁香味，营养价值高。大关县寿山镇和坪村是野生猕猴桃成片集中分布区域，有中华猕猴桃、美味猕猴桃、京梨猕猴桃、昭通猕猴桃等10余种。大关县成立了野生猕猴桃产业开发协会，广泛开展和坪野生猕猴桃培育和种植，要进一步推进野生猕猴桃产业化开发，对当地产业发展至关重要。同时，坚持保用结合、以用促保，深挖野生猕猴桃资源优异特性，推动资源优势向产业优势转化，促进种业发展和乡村振兴。

【保护措施】保存于国家云南特有果树及砧木种质资源圃（昆明）。大关县成立了野生猕猴桃产业开发协会，专门开展野生猕猴桃培育加种植研究范围更广，为保护利用该野生资源打基础。

33

野生猕猴桃

种质名称

野生猕猴桃

采集编号

P530625060

学名

中华猕猴桃*Actinidia chinensis* Planch.

来源地

云南省昭通市永善县

提供人信息

石昌发，男

【主要特征特性】枝呈褐色，有柔毛。叶为纸质，无托叶，倒阔卵形至倒卵形或阔卵形至近圆形，长6～17cm，宽7～15cm，边缘具脉出的直伸的睫状小齿，腹面深绿色，无毛或中脉和侧脉上有少量软毛或散被短糙毛，背面苍绿色，密被灰白色或淡褐色星状绒毛，侧脉5～8对，常在中部以上分成叉，横脉比较发达，叶柄长6～10cm，被灰白色绒毛或黄褐色长硬毛或铁锈色硬毛状刺毛。

【优异特性】纯野生植物，历来就有“水果之王”之称。个头小而均匀、肉质甜而鲜美，能适应高海拔区域种植，部分品种具有良好的耐寒性和抗病性。

【开发与利用情况】永善县地处滇东北的乌蒙山脉西北面，金沙江南岸。海拔340～3199m。海拔高低悬殊，形成了典型的立体气候，造就了猕猴桃种类和类型的多样性，经初步调查，永善县境内从海拔340m的金沙江边到海拔2200m的高二半山区都有野生猕猴桃分布。据云南省农科院园艺作物研究所调查，永善县细沙乡海拔1900～2000m的区域，分布有众多的野生猕猴桃群落，这些猕猴桃群落分布集中，密度大。在这些猕猴桃种群中，有多个种的猕猴桃资源，呈现出猕猴桃资源的多样性，包括葡萄叶猕猴桃、京梨猕猴桃、异色猕猴桃、昭通猕猴桃、美丽猕猴桃、中华猕猴桃、葛枣猕猴桃、软枣猕猴桃等10多个品种，有待专家鉴定。野生猕猴桃是提高猕猴桃品质、产量的关键性资源，保护好有巨大潜力的野生猕猴桃种质资源，重视重要优异基因的发掘，对发展猕猴桃产业具有重要意义，也为农业可持续发展提供宝贵的物质基础。野生猕猴桃可作为复壮、选育高抗性品种的基础繁育材料。最终目的是利用生物技术的发展实现资源利用最大化，将它们的潜在价值变成现实价值，造福于人类。

【保护措施】保存于国家云南特有果树及砧木种质资源圃（昆明）。

34

宣威圆果猕猴桃

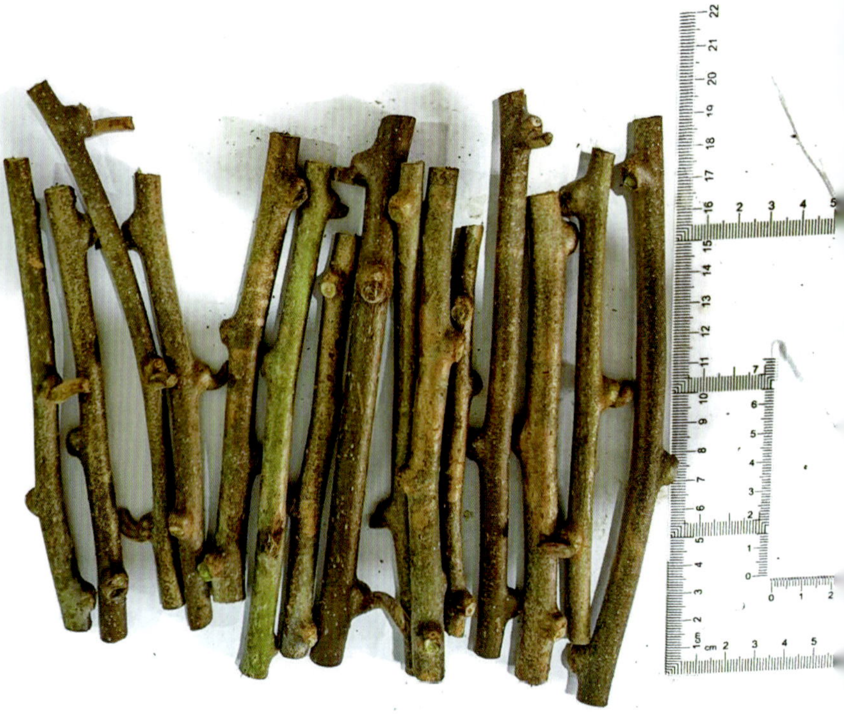

种质名称

宣威圆果猕猴桃

采集编号

P530381110

学名

中华猕猴桃*Actinidia chinensis* Planch.

来源地

云南省曲靖市宣威市

提供人信息

孙应康，男

【主要特征特性】仿野生驯化栽培，2月底3月初开始伤流，3月底4月初现蕾，4月25日左右盛花，5月初开始坐果，10月底11月初成熟。丰产，果个小，果实圆形，果肉绿色。

【优异性状】味甜、耐储藏，果毛少、果实圆形、果肉绿色，丰产，抗病性好和适应性强。

【开发与利用情况】总糖含量8%～14%，有机酸1.2%～1.4%，可溶性固形物12%～18%，除富含维生素C、维生素A、维生素E以及钾、镁、纤维素外，还含有叶酸、胡萝卜素、钙、黄体素、氨基酸、天然肌醇，100g鲜果肉中维生素C含量为150～420mg，比柑橘高10倍，比梨和苹果高30倍。17种氨基酸组合配比接近于人脑神经细胞氨基酸，益于大脑发育。根、茎、叶、花、果实均可入药，果汁能有效阻断致癌物质亚硝胺的产生。

【保护措施】保存于国家云南特有果树及砧木种质资源圃（昆明）。

35

宣威野生猕猴桃（扁果）

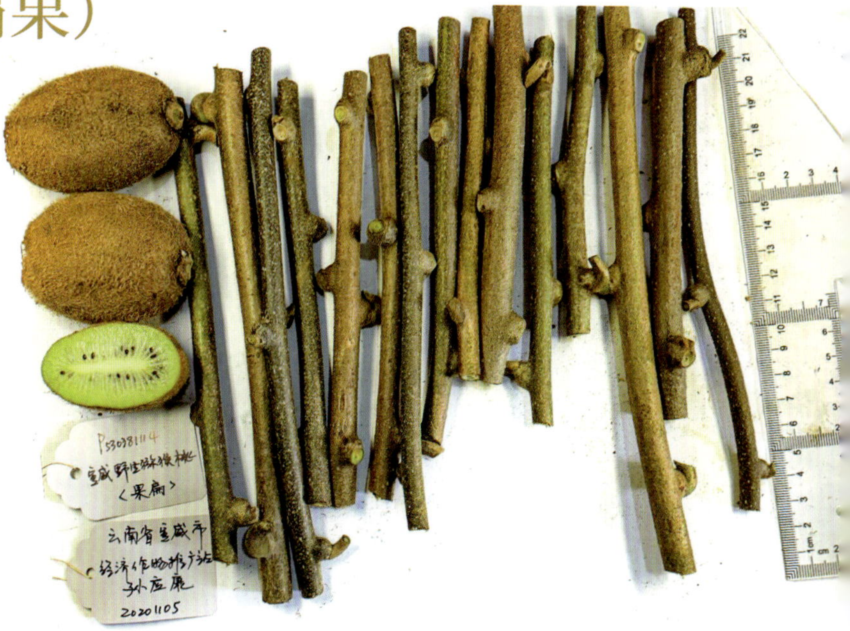

种质名称

宣威野生猕猴桃（扁果）

采集编号

P530381114

学名

中华猕猴桃*Actinidia chinensis* Planch.

来源地

云南省曲靖市宣威市

提供人信息

孙应康，男

【主要特征特性】 仿野生驯化栽培，2月底3月初开始伤流，4月中旬现蕾，5月5日左右盛花，5月中旬开始坐果，11上中旬成熟。果形稍扁，毛多，果实带酸味。

【优异性状】 耐储运、抗寒、抗病、适应性强。

【开发与利用情况】 总糖含量8%～14%，有机酸1.2%～1.4%，可溶性固形物12%～18%，除富含维生素C、维生素A、维生素 E以及钾、镁、纤维素外，还含有叶酸、胡萝卜素、钙、黄体素、氨基酸、天然肌醇，100g鲜果肉中维生素C含量150～420mg，比柑橘高10倍，比梨和苹果高30倍。17种氨基酸组合配比接近于人脑神经细胞氨基酸，益于大脑发育。根、茎、叶、花、果实均可入药，果汁能有效阻断致癌物质亚硝胺的产生。

【保护措施】 保存于国家云南特有果树及砧木种质资源圃（昆明）。

36 中华猕猴桃

种质名称

中华猕猴桃

采集编号

P530328013

学名

中华猕猴桃*Actinidia chinensis* Planch.

来源地

云南省曲靖市沾益区

提供人信息

温丽芳，女

【主要特征特性】在野外无人管理的环境下，新梢每年可以生长3～5m，不感病，不生虫，生长健壮，每年都能结果。果实圆形，成熟时茸毛退净，单果重30～40g，酸甜适中，果肉黄色，汁多味甜，肉质细腻，口感良好。果子耐贮性强，适时采收下的鲜果，在常温下可存放一个月。该品种为农户上山采菌子时发现，在本地海拔2100m左右的疏林地，保水保湿的沟坡边，土层肥厚的地方有少量生长。现存面积约15亩，多数为农户自行采摘食用，少量在市场销售，单价每千克20元以上。当地农民认为该品种在本地一直都有生长，至少有50年历史。

【优异性状】植株抗病、果子味道好。

【开发与利用情况】可以作为今后猕猴桃推广栽培的品种之一，也可作为高接换种的替代品种或做砧木。

【保护措施】保存于国家云南特有果树及砧木种质资源圃（昆明）。

37 宣威野生猕猴桃（长果）

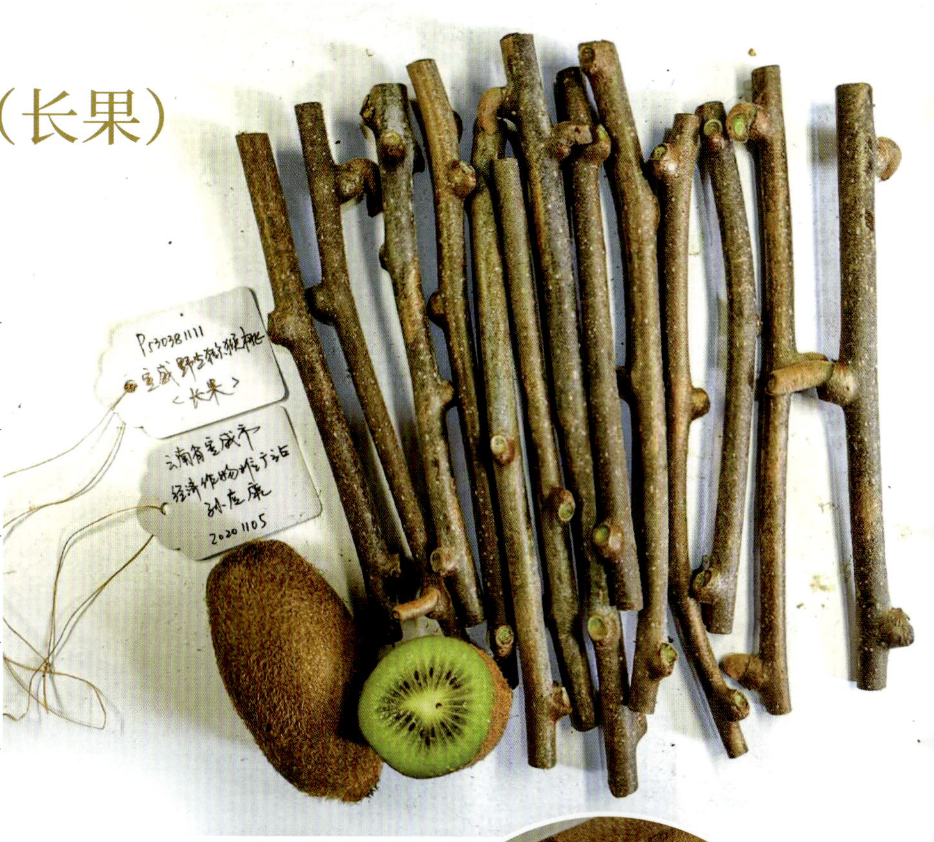

种质名称

宣威野生猕猴桃（长果）

采集编号

P530381111

学名

中华猕猴桃*Actinidia chinensis* Planch.

来源地

云南省曲靖市宣威市

提供人信息

孙应康，男

【主要特征特性】仿野生驯化栽培，2月底3月初开始伤流，4月中旬现蕾，5月5日左右盛花，5月中旬开始坐果，11上中旬成熟。果个大、果形长椭圆，毛少且短，可作为野生资源保护开发利用。

【优异性状】味甜、耐储藏、抗病性好、适应性强。

【开发与利用情况】总糖含量8%～14%，有机酸1.2%～1.4%，可溶性固形物12%～18%，除富含维生素C、维生素A、维生素E以及钾、镁、纤维素外，还含有叶酸、胡萝卜素、钙、黄体素、氨基酸、天然肌醇，100g鲜果肉中维生素C含量150～420mg，比柑橘高10倍，比梨和苹果高30倍。17种氨基酸组合配比接近于人脑神经细胞氨基酸，益于大脑发育。根、茎、叶、花、果实均可入药，果汁能有效阻断致癌物质亚硝胺的产生。

【保护措施】保存于国家云南特有果树及砧木种质资源圃（昆明）。

38
中越猕猴桃（野生）

种质名称

中越猕猴桃

采集编号

P532523017

学名

中越猕猴桃*Actinidia indochinensis* Planch.

来源地

云南省红河州屏边县

提供人信息

杨光学，男

【主要特征特性】大型落叶藤本；枝条干后呈褐黑色，着花小枝长一般9～12cm，直径2.5～3mm，基本无毛或花期局部略被稀薄的茶褐色粉末状短绒毛，果期秃净，皮孔不显著；隔年枝直径一般3.5～4.5mm，徒长枝可达9～14mm，皮孔很显著；髓茶褐色，片层状。叶幼时膜质，老时软革质，卵形至椭圆形、或矩状卵形至矩状椭圆形，长4～10cm，宽3.5～5cm，顶端钝至钝短尖或急尖至渐尖，基部圆形、钝形至阔楔形，两侧基本对称，边缘有小锯齿或略呈圆齿状小锯齿，或锯齿极不显著而呈微波状，通常越近基部锯齿越小，直至全缘，上面绿色，洁净无毛，背面被白粉或不被白粉，呈粉绿色或苍绿色，无毛或仅有在放大镜下方可见的星散的茶褐色颗粒状短绒毛，叶脉较发达，侧脉5～7对，横脉和网脉在叶片干燥后两面可见；叶柄长2～3cm，有无毛随叶背有无毛而定。花序1～3花，薄被茶褐色短绒毛，花序柄长4～9mm，花柄长4～11mm；苞片长条形，长1.5～2mm；花白色，直径7～8mm；萼片5枚，长圆形，长4～5mm，两面无毛；花瓣5枚，倒卵状长圆形，长7～8mm，花丝丝状，长2～3mm，花药黄色，卵形，长1～1.5mm；子房近球形，薄被茶褐色短绒毛。果成熟时绿褐色，秃净，具斑点，卵珠形，长约2.5cm，直径2cm；种子长约3mm。花期3月下旬至4月上旬，果期11月。

【优异特性】成熟时口感酸中带甜，别有风味，时常有群众采摘到集市售卖。同时，因其抗病虫能力较强，生长势较旺。

【开发与利用情况】可用作砧木改嫁其他猕猴桃品种。

【保护措施】加大濒危珍稀植物保护宣传力度，严禁乱砍乱采。积极争取资金，加强野生猕猴桃的推广应用。目前，保存于国家云南特有果树及砧木种质资源圃（昆明）。

39

平河无花果

种质名称

平河无花果

采集编号

2022539014

学名

无花果*Ficus carica* L.

来源地

云南省红河州绿春县

提供人信息

董超，男

【主要特征特性】植株高达2～7m，果梨形，大而甜，直径3～5cm，成熟时紫红色。

【优异特性】繁殖容易，果大、结果早、病虫害少、效益高，是一种高营养、高药用价值的水果。

【开发与利用情况】无花果是世界上最古老的栽培果树之一，原产于地中海沿岸，汉代从波斯传入中国。其具有健胃清肠、消肿解毒的功效，主要用于治疗食欲不振、咽喉肿痛、咳嗽多痰等症状，明代朱橚《救荒本草》、兰茂《滇南本草》和李时珍《本草纲目》均有记载。当地中低海拔区域分布较多，无须管理。与市场上的大果相当，可作为特色水果产业利用。

【保护措施】营养价值高，当地农户自愿种植。

40
本地乌桃

种质名称

永善本地乌桃

采集编号

P530625013

学名

桃*Prunus persica* L.

来源地

云南省昭通市永善县

提供人信息

胡德祥，男

【主要特征特性】永善本地乌桃是永善县的一个地方品种，种植历史已有200多年，在海拔400～1300m的区域分布种植，乌桃成年树株高平均在5m左右，树冠投影面积在25m^2，每亩产量1000～1500kg，突出特点：因皮紫肉红色泽黑而得名，皮薄、果面光滑，果皮有灰白色绒毛，果肉味甜爽脆适口、易离核。

【优异特性】营养丰富，富含花青素、粗纤维，并具有保健作用，如助消化功能，可食部分比重大，果仁可入药。乌桃较耐寒、耐旱、耐瘠薄，喜酸性土壤。乌桃抗逆性明显优于普通桃树品种，用乌桃实生苗作桃、李等蔷薇科果树品种改良的砧木，嫁接后树势旺，在当地乌桃的实生苗常常作为桃、李等蔷薇科果树品种改良嫁接的砧木广泛应用。

【利用与开发情况】该珍稀资源是一份高产优质、远近闻名的资源材料，具有保护和开发利用价值。

【保护措施】果实大，农户自愿种植。

41

蒙自大白桃

种质名称

蒙自大白桃

采集编号

P532522012

学名

桃*Prunus persica* L.

来源地

云南省红河州蒙自市

提供人信息

陈玺，男

【主要特征特性】果实较大，尖顶圆形，果皮粉白色、中厚、软、易剥离，果肉白色、汁多、味甜。品质优，抗旱，耐贫瘠。多年生乔木，株高3m左右，树冠自然开心形，树枝开张。叶片小，长圆披针形，浓绿色。果实较大，尖顶圆形，缝合线浅，果皮粉白色，中厚、软、易剥离，果肉白色，果汁多，肉质软，离核，核中等大，食味甜。

【优异特性】果大，营养丰富。

【开发与利用情况】食用价值，果肉营养丰富、果肉清津味甘，除生食之外亦可制干、制罐头；药用价值，秆、叶均含杏仁苷，全株均可入药，有治溢汗、止血等作用。该地方品种是一份高产优质珍贵的桃子种质资源材料，具有良好的开发利用价值，作为特色农产品开发前景广阔。

【保护措施】经济价值高，农户自愿种植。

42
中秋红桃

种质名称

中秋红桃

采集编号

P530381096

学名

桃*Prunus persica* L.

来源地

云南省曲靖市宣威市

提供人信息

孙应康，男

【主要特征特性】一个高产的中晚熟品种，果子成熟时着色面达到75%以上乃至全红，9月底10月初成熟，成熟期150天左右。平均单果重400g，最大750g，果形美观，个头大，果面平滑，肉质细腻。

【优异性状】含糖量高、品质极佳。

【开发与利用情况】成熟期正值中秋、国庆佳节，市场潜力极大。

【保护措施】果实个头大，口感好，农户自家种植。

43
光核桃

种质名称

光核桃

采集编号

P530724014

学名

光核桃*Prunus mira* Koehne

来源地

云南省迪庆州香格里拉市

提供人信息

熊绍权，男

【主要特征特性】落叶乔木，高6～10m；枝条细长，开展，无毛，嫩枝绿色，老时灰褐色，具紫褐色小皮孔。叶片披针形或卵状披针形，长5～11cm，宽1.5～4cm，先端渐尖，基部宽楔形至近圆形，上面无毛，下面沿中脉具柔毛，叶边有圆钝浅锯齿，近顶端处全缘，齿端常具小腺体；叶柄长8～15mm，无毛，常具紫红色扁平腺体。花单生，先于叶开放，直径2.2～3cm；花梗长1～3mm；萼筒钟形，紫褐色，无毛；萼片卵形或长卵形，紫绿色，先端圆钝，无毛或边缘微具长柔毛；花瓣宽倒卵形，长1～1.5cm，先端微凹，白色或粉红色；雄蕊多数，比花瓣短得多；子房密被柔毛，花柱长于或几乎与雄蕊等长。果实近球形，直径约3cm，不开裂，外面密被柔毛；果梗长4～5mm；果肉白色，致密，汁少；核扁卵圆形，长约2cm，两侧稍压扁，顶端急尖，基部近截形，稍偏斜，表面光滑，仅于背面和腹面具少数不明显纵向浅沟纹。花期3—4月，果期8—9月。

【优异特性】果肉致密，抗寒性好。

【开发与利用情况】可作为培育抗寒桃的育种材料；也可用作桃的砧木。果实可加工成果汁或果脯。

【保护措施】在香格里拉原产区建立了小果野生宜昌橙原生境保护点及建立野生光核桃植物种质资源保存圃。

44

金江红橘

种质名称

金江红橘

采集编号

P530625051

学名

柑橘*Citrus reticulata* Blanco

来源地

云南省昭通市永善县

提供人信息

粟明迅，男

【**主要特征特性**】花单生或2～3朵簇生；花萼不规则3～5浅裂；花瓣通常长1.5cm以内；雄蕊20～25枚，花柱细长，柱头头状。花期4—5月，果期10—12月。

【**优异特性**】金江红橘是云南省永善县很有特色的一个地方品种，在海拔400～1500m层叠分布，它立足本身独特的气候和资源优势，江边河谷地带10个乡镇（街道）分布种植，东西横距46.6km，南北纵距121.2km，并形成独具特色的产业链。早在200多年前，黄华就有成园红橘林，以其色泽鲜红、个大皮薄、肉嫩汁多、优质味美而闻名。其营养价值高，含有丰富的糖类和多种维生素，特别是维生素C的含量比较高，还含有橘皮甙、柠檬酸、苹果酸、胡萝卜素等多种对人体健康有益的成分。

【**开发与利用情况**】在1981—1983年省鉴评会上，连续3年被评为质量第一，1983年西南5省鉴评会上化验评比，其维生素含量、糖分含量很高。它的药用功能也很强。其皮、络（橘瓤上的筋络叫橘络）、核、叶都是中药材。尤其是橘皮（中医处方中称为陈皮），有药用价值。金江红橘是云南省评优的一个地方特优品种，全身是宝，现在在永善县其价值是柑橘类的代表品种，历史悠久的优异品种代表，具有研究开发利用前景。

【**保护措施**】作为当地特产，发展柑橘产业。

45

富民枳

种质名称

富民枳

采集编号

P530124040

学名

野橘子*Citrus polyandra* Yu. Tanaka.

来源地

云南省昆明市富民县

提供人信息

李坤明，男

【主要特征特性】常绿小乔木或灌木，高约2.5m。新梢呈三棱形，绿色，老枝圆形，叶腋着一芽一短尖刺。叶掌状3出复叶，顶生叶片有波状锯齿，先端渐尖，基部楔形，深绿色，长3.5～5cm，宽0.9～1.4cm；侧生两小叶稍小于顶生叶，长2.7～3.8cm，宽 0.7～1.7cm；叶柄长1～2cm，具窄叶翼。单花，腋生，花大，白色，径6.4～7cm；花柄长短不一，长0.3～0.7cm，粗0.2cm；萼片5片，长卵圆形，长0.7cm，宽0.5cm；花瓣5～9瓣，长3.2～3.4cm，宽1.6～1.9cm，白色，阔椭圆形，边缘具绒毛；雄蕊35～43枚，长短较一致，花丝分离，上粗下细，长0.4cm；花药黄色，药隔圆锥形，先端尖，具乳白透明凸起；子房扁圆球形，直径0.6cm，被绒毛，8～10室；柱头头状，微凹，绿黄色，高0.2cm，直径0.3cm，花柱长2mm。柑果幼嫩时扁圆球形，绿色，被绒毛；成熟果扁圆球形，单果重30～80g，果皮黄色，粗糙；果顶有不规则的深洼，周围有5～7条放射状沟纹；果基部浅洼，有放射状沟纹；果皮厚，囊瓣8～10个；种子多，肥大，黄白色，内种皮黄褐色，子叶白色，单胚。花期3—4月，果期10—11月。

【优异特性】抗病性强、结果早。

【开发与利用情况】在柑橘分类、起源、进化研究方面有较大意义；作砧木有矮化，提早结果的效果。

【保护措施】该种为Ⅱ级保护植物，仅在富民县老青山冬瓜岭后山山箐中零星分布有3株野生老树植株。在富民县老青山冬瓜岭富民枳原产地建立原生境保护点。

46

红河大翼橙

种质名称

红河大翼橙

采集编号

P530428095

学名

甜橙*Citrus sinensis* (L.) Osbeck

来源地

云南省玉溪市元江县

提供人信息

李坤明，男

【主要特征特性】常绿乔木，树高可达10m，胸围达1.6m。嫩枝被疏毛，徒长枝和隐芽枝有刺。叶较厚，革质，卵状披针形，长3～5.5cm，宽1.5～2cm，顶部短狭尖，翼叶比叶身长1～3倍，狭长圆形，长6～16cm，宽2.5～4cm，顶端圆、基部沿叶柄下延，叶缘有细浅钝裂齿。总状花序有花5～9朵，很少同时有单花腋生；花蕾阔椭圆形，淡紫红色，长1.5cm；花白色，花径3～3.5cm；花瓣5或4片；雄蕊16～18枚，花丝分离，被细毛；子房近椭圆形，淡绿色；花柱长约6.5mm，柱头甚大，淡黄色，细浅裂。果椭圆形、圆球形或扁圆形，纵径8～10cm，横径10～12cm，两端圆，顶部微凹，有浅放射沟；果皮淡黄或黄绿色，厚1.5～2cm，油胞大，凸起；果心实，瓢囊10～13瓣，果肉淡黄白色，汁胞长短不等，较长的长2.4cm，沿一侧有深黄色条纹，味甚酸，微带苦，多数不能吃。种子长12mm，宽10～12mm，厚6～8mm，种皮平滑，单胚。花期3—4月，果期10—11月。

【优异特性】大翼橙经研究是目前柑橘、柳橙、柚子、柠檬等这类植物最原始的品种，果味酸，微苦。

【开发与利用情况】可作柑橘砧木，哈尼族用叶作为牛、羊肉去腥的辛香调料。红河大翼橙的发现，证明中国有丰富的柑橘类原始种质资源。不仅在学术上研究柑橘的起源、演化有重要意义，而且在生产、育种上也有价值。

【保护措施】该种列入中华人民共和国国务院1999年8月4日批准的《国家重点保护野生植物名录（第一批）》：Ⅱ级。种群数量为零星分布，全省≤500株。在元江县羊街乡洼垤村和红河县乐育乡尼美村建立红河大翼橙原生境保护点。

47
小果宜昌橙

种质名称

小果宜昌橙

采集编号

P530428096

学名

宜昌橙*Citrus cavalerei* H. Lév. ex Cavalier

来源地

云南省玉溪市元江县

提供人信息

李坤明，男

【主要特征特性】常绿乔木，高3～5m。树皮灰褐色；当年生枝三棱形，绿色，有刺。叶互生，有光泽和油胞；叶缘有不明显的细锯齿，叶柄与叶片之间有关节；叶片狭卵形，长2.7cm～7cm，宽1.4～3.5cm；先端尾状渐尖或钝尖，基部宽或近圆形；叶柄有翼，狭倒卵形，较宽大，长2.5～6.2cm，宽1.4～3.2cm；先端平截或微凹，基部楔形。花单生或簇生，花梗长0.3～0.4cm；萼片5裂，裂片三角形，边缘具绒毛；花蕾白色或稍有淡红色，开放后变白色，花冠直径3～3.5cm，花瓣5片，长1.5～1.7cm，宽0.7～0.8cm；雄蕊15～21枚，花药淡黄色，花丝无毛，数根连接成束。雌蕊1枚，无毛；子房圆球状，高0.2cm，直径0.3cm，心室5～7个，每室有胚珠3～4个；花柱1枚，高0.6cm，直径0.15cm；柱头球形，高0.15cm，直径0.3cm；子房下面有蜜盘，高0.1cm，直径0.45cm。果实小，平均单果重16g；果形长圆形，纵径4～5.2cm，横径3～3.6cm；果皮橙黄色，厚0.3cm，果皮油胞多、密、凸出、粗糙；每个果有囊瓣5～7瓣，汁胞白色、柔软、亚球形、酸苦。每果有种子0～6粒，亚球形或三角形，直径1.2～1.7cm，胚白色，单胚。花期4月中下旬，果期10月。

【优异特性】耐贫瘠。

【开发与利用情况】小苗可作柑橘类的砧木。果实入药，用于治疗咳嗽等。

【保护措施】该种列入中华人民共和国国务院1999年8月4日批准的《国家重点保护野生植物名录（第一批）》：Ⅱ级。种群数量大多为零星分布，仅元江县有成片野生分布的种群，全省≤2000株。在元江县洼垤乡尼祖白村后山神林中建立小果野生宜昌橙原生境保护区。

48
弥勒大红玫瑰葡萄

种质名称

大红玫瑰葡萄

采集编号

P532526013

学名

葡萄*Vitis vinifera* L.

来源地

云南省红河州弥勒市

提供人信息

缪应华，男

【主要特征特性】1998年，弥勒县东风农场从外地引进一批红玫瑰葡萄种苗，种植后挂果出现了3～4株和红玫瑰不同的品种，成熟后，通过群众观察，果粒比红玫瑰大，味道比红玫瑰口感好，觉得可以，就保留了下来，地方群众就起名大红玫瑰。该品种叶片大、厚，枝蔓上有绒毛，长势较强，果皮薄，果肉多汁，糖度高，浓甜，果皮易分离，口感极佳。平均穗重380g，果粒近圆形，完熟时呈暗红色。

【优异特性】耐贫瘠、耐寒、抗病、优质、口感好、果汁多、味甜。

【开发与利用情况】经济价值：该品种优质、口感好、果汁多、味甜，很受群众喜爱，销售价在当地比其他品种要高出5元左右（每千克），也是酿红酒的重要原料。科研价值：根据其特征特性，该品种是一个很好的科研资源材料，在科学研究中具有一定的价值。推广价值：如果品种改良后，能解决不耐储运这个问题，其推广价值更高。

【保护措施】因该品种口感好，农户自愿种植。当地推广种植该品种。

49

蘡薁

种质名称

蘡薁

采集编号

P532901009

学名

葡萄*Vitis vinifera* L.

来源地（采集地）

云南省大理州大理市

提供人信息

环姣姣，女

【主要特征特性】蘡薁在大理为野生，生长于山地林间，枝条细长有棱角，叶掌状，有3～5个深裂，缘有钝锯齿，下面密生灰白色绵毛，果实成熟后呈黑紫色。

【优异特性】具有较好的抗性和耐寒性。

【开发与利用情况】果实可酿酒，亦可入药作滋补品。茎的纤维可做绳索，蘡薁可作为葡萄种植杂交的种质资源，具有一定的科研和开发与利用价值。

【保护措施】保存于国家云南特有果树及砧木种质资源圃（昆明）。

50

丽江照水梅

种质名称

丽江照水梅

采集编号

P530721002

学名

梅*Prunus mume* Siebold & Zucc.

来源地

云南省丽江市玉龙县

提供人信息

张兆虹，男

【主要特征特性】丽江照水梅，在20世纪90年代初期为丽江主推的青梅品种，到目前玉龙县的种植面积达7500亩。树体生长旺盛，树冠高大开张，枝繁叶茂，果实肥大饱满，口感清脆，色泽光亮，含有丰富的维生素C，短果枝长度小于3cm，坐果率高，丰产性能好，结果以二果序为主，平均单果重34.5g，自然落果率较低。

【优异特性】属花果兼容品种，向阳面果色容易挂红，具有酸、甜、细、嫩、脆的特点。

【开发与利用情况】由于照水梅品质好、产量高，可加工制作果脯、乌梅、雕梅、梅醋和梅子饮料。加工利用前景好，因此公司与农户签订了保底回收合同，在收购过程中，价格每千克比其他青梅高1.5元，解除了农户卖不出去的后顾之忧，带来了较好的经济收益。

【保护措施】在政府支持下，企业发展订单农业，促进该品种种植，发展梅子产业。

51 酸骂榴

种质名称

酸骂榴

采集编号

P530924010

学名

柠檬*Citrus limon* L.

来源地

云南省临沧市镇康县

提供人信息

李福华，男

【主要特征特性】镇康县本地品种。芸香科灌木或小乔木，枝密多刺；叶革质，卵形或卵圆形，味香。果皮厚，通常粗糙，果黄色，味酸，果实11—12月成熟。

【优异性状】高产、优质、抗病。

【相关故事及传说】当地顺口溜："骂榴出在小水井，吃个骂榴好摆闲；骂榴树头蹲小雀，吃个骂榴口不渴。"足以表达其受当地群众的青睐。

【开发与利用情况】食用，具有良好的经济价值和开发与利用价值，作为特色农产品开发前景广阔。

【保护措施】扩大种植面积，目前在当地种植面积已达150亩。

52
晋宁宝珠山楂

种质名称

晋宁宝珠山楂

采集编号

P530122038

学名

山楂*Crataegus pinnatifida* Bunge

来源地

云南省昆明市晋宁区

提供人信息

李红英，女

【主要特征特性】晋宁宝珠山楂是晋宁区古老的地方品种，20世纪80年代以前较为常见，现已濒临绝种。晋宁宝珠山楂属蔷薇科、山楂属，树高10～18m，枝条开展，无刺；叶片卵状披针形至卵状椭圆形，长4～8cm，宽2.5～4.5cm，先端急尖，基部楔形，边缘有稀疏不整齐圆钝重锯齿，不分裂，光滑无毛；复伞房花序，花序直径5～10cm；花梗无毛，花梗长5～10mm，花直径约1.5cm；萼筒钟状，外面无毛；萼片三角卵形或三角披针形，约与萼筒等长；花瓣近圆形或倒卵形，长约8mm，宽约6mm，白色；果实扁球形，果实近果柄处呈锥形，果实较大，直径2～4cm，成熟时黄色或带红晕，有稀疏褐色斑点，萼片宿存，小核（种子）5个。果肉松软，食味好，酸甜适中。花期4—5月，果实成熟期9月。

【优异性状】具有高产、优质、抗病、广适和耐寒的特点。

【开发与利用情况】具有果实大、食味好、市场价格高的优点。对于山楂育种有较高的开发与利用价值。

【保护措施】因果肉松软，食味好，酸甜适中，农户自愿种植。

53

黑皮柿

种质名称

黑皮柿

采集编号

P530381131

学名

柿*Diospyros kaki* Thunb.

来源地

云南省曲靖市宣威市

提供人信息

邢显登，男

【主要特征特性】柿目柿科柿属乔木，高达10～20m，胸径达40cm，属地方濒危优良品种。果腋生，扁球形，直径1～2cm，生长期果皮绿色，成熟时果皮黑色，有光泽，顶端有小凸尖，有种子4颗，扁，卵圆形，黄褐色。果肉黑色或黑褐色。花期4—5月，果期9—11月。

【优异性状】肉质细软，汁多味甜，香甜可口，水分充足，口感及品质上佳。

【开发与利用情况】富含水分、蛋白质、脂肪、糖类，亦含多种维生素和氨基酸以及微量元素，具有较高营养价值。截至2020年，杨柳黑皮柿仅在碗厂、可渡等村委会小范围发现，属当地濒危资源。

【保护措施】保存于国家云南特有果树及砧木种质资源圃（昆明）。

54

文兴无核小柿

种质名称

文兴无核小柿

采集编号

P532929082

学名

柿*Diospyros kaki* Thunb.

来源地

云南省大理州云龙县

提供人信息

赵朝利，男

【主要特征特性】无核，果茎2.1cm左右，果高2cm左右。是君迁子中雄性不育的一个变种，原有两棵，一棵已砍6—7年，现存一棵，树主茎已砍，仅剩新发的几个结果枝，树冠4m^{2}左右，生长于庭院边，路边，因此无比珍贵。种植时需与其他柿科作物隔离种植。

【优异性状】丰产、耐粗放管理、适应性强、食用方便、口感好、果大和果甜。

【开发与利用情况】是君迁子中的雄性不育品种，无核果大味甜口感较好，具有较高的食用价值，可直接开发利用，大面积种植可加工黑枣，满足广大人民群众对美好生活的需要，也可作为工业原料。君迁子还具有润肠通便，消炎杀菌，滋阴补肾的功效。它含有钾元素，能够提高心脏功能，稳定血压，可以加快身体内钠盐排出，起到保护心脑血管，减轻心脏负担，提高心脏功能的保健和药用价值。成熟果实可供食用，亦可制成柿饼，入药可止消渴，去烦热；又可供制糖，酿酒，制醋；未熟果实可提制柿漆，供医药和涂料用。木材可做纺织木梭、雕刻、小用具等，可做精美家具和文具。同时，其雄性不育特性在科研育种中具有较高的研究价值，是培育杂交种和新的雄性不育品种等无核品种的优质材料。种植时需与其他柿科作物隔离种植。

【保护措施】因农户喜欢该品种口感而自愿种植。

55

松坪无核柿

种质名称

松坪无核柿

采集编号

P532929036

学名

柿*Diospyros kaki* Thunb.

来源地

云南省大理州云龙县

提供人信息

张义忠，男

【主要特征特性】集中分布于农户的房前屋后，田边地角。树高5～20m，树冠20～40m^2；果实直径8cm左右，果高7cm左右，果实无核，种子发育不良、退化，鲜果食用方便，口感佳；制作柿饼，柿霜多、品质优。也可用于保健及药用，具润肺止咳之功效。种植时需与其他柿科作物隔离种植。

【优异性状】高产、优质、抗旱、耐寒和耐贫瘠。

【开发与利用情况】果实无果核无籽，因此口感俱佳，品质非常好，每到冬春季，树叶凋落后，红色柿果挂满柿树枝头，在蓝天背景的映衬下，十分漂亮迷人，其果实既可在果实软熟之后直接食用，也可在果实还硬时剥皮后加工为柿饼，柿饼是人们较喜欢食用的果品，甜腻可口，营养丰富。

【保护措施】因口感好，农户自愿种植。

56

无刺黄泡

种质名称

无刺黄泡

采集编号

2022538400

学名

覆盆子*Rubus idaeus* L.

来源地

云南省文山州西畴县

提供人信息

程敦儒，男

【主要特征特性】蔷薇科悬钩子属多年生果树，小乔木，叶片背面无毛刺，树干枝条无棘刺。无刺黄泡的全株可入药。半灌木，高8～20cm；茎匍匐，节处生根，有长柔毛，枝条无棘刺。单叶心状近圆形，长2.5～4.5cm，宽3～5cm，顶端圆钝，基部心形，两面被稀疏长柔毛，下面沿叶脉有针刺。花单生，顶生，直径达2cm；花萼长1.5～2cm，外面密被针刺和长柔毛；花瓣狭倒卵形，白色，有爪，稍短于萼片；雄蕊多数，直立，无毛；雌蕊多数，子房顶端和花柱基部微具柔毛。果实红色，球形，直径1～1.5cm，萼片反折。花期5—7月；果期7—8月。生于海拔1000～3000m的荒山林地中。

【优异性状】抗旱、耐寒、耐贫瘠，果实质优、口感好。

【开发与利用情况】可以食用，具有药用价值，目前在西畴没有开发。

【保护措施】保存于国家云南特有果树及砧木种质资源圃（昆明）。

57
松鹤苦梅

种质名称

松鹤苦梅

采集编号

P532930031

学名

梅*Prunus mume* Siebold & Zucc.

来源地

云南省大理州洱源县

提供人信息

罗健雄，男

【主要特征特性】生长在2200～2800m高海拔无污染的山区，花朵细碎，白色单瓣5枚花萼结构，分枝较多，植株繁茂，抗逆性强，树势强健，枝繁叶茂。果肉口味酸苦，果大肉厚，肉质紧密细致，品质居全国之冠，耐加工，加工后梅香十足。该品种生长期超长，果实成熟期较迟，同样是1月中旬开花的梅花，广东、福建梅主产区在4月份成熟，而松鹤苦梅却在7—8月才成熟，保证了营养物质充分积累，造就其果肉干物质含量积累高、肉质紧密细致的特点。研究表明，在同等工艺条件下，用生长期短的广东、福建梅果原料加工的话梅，保质期为6个月，而用松鹤苦梅品种加工的话梅，保质期长达12个月。

【优异性状】具有抗寒、抗旱、丰产性强、抗病虫害的特点。

【相关故事及传说】“洱源雕梅”因在青梅果上雕刻花纹而得名，被誉为“可以吃的艺术品”，有诗赞曰：“小小青梅上指尖，巧手翻作玉菊兰；蜜糖浸渍味鲜美，疑是仙葩落人间。”

【开发与利用情况】松鹤苦梅梅果个头大、肉质厚、色泽美、酸脆可口，可作为水果直接食用，又可加工为话梅、苏裹梅、雕梅、炖梅、果醋及梅子饮料等多种产品，是白族传统名特食品，其中炖梅的副产品炖梅醋是大理地方名吃“大理生皮”灵魂蘸水调味品的不二之选。

【保护措施】2022年12月，成功入选云南省第五批省级非物质文化遗产代表项目名单。

58

茈碧酸刺木瓜

种质名称

茈碧酸刺木瓜

采集编号

P532930023

学名

木瓜*Pseudocydonia sinensis* (Thouin) C. K. Schneid.

来源地

云南省大理州洱源县

提供人信息

杨成武，男

【主要特征特性】植株比较低矮，一般3~4m高，茎枝有尖刺，叶簇生，叶色浓绿，长椭圆形，常年未见明显病虫害，根系发达，涵养水源作用明显。花期在春天，花色为玫红色，芳香，花开时节花团锦簇，红艳灿烂，观赏性强。果实椭圆形，长得很像杧果，没有成熟时呈青绿色，等到成熟时会变成淡黄色，阳光直射面后期呈浅红色，存放的时间够长，颜色会变成金黄色，散发出好闻的果香气味。切开后果肉白色，有核，种子深褐色，味酸，气酸香，肉质硬。

【优异性状】抗病虫性好、喜湿耐涝。

【开发与利用情况】可观赏，2023年，当地政府举办“洱源首届木瓜花节”，游人纷至沓来，先睹为快，一时成为春季赏花盛事。可直接食用，亦可制作果脯、果酒、泡酒等；还可做菜，做各式木瓜鸡、木瓜鱼、木瓜炖猪脚等，味道鲜美。在其果实尚小或成熟时，可蘸上辣椒面，直接生吃，那种酸爽劲，简直太过瘾了；小木瓜炒肉是当地时鲜小吃，让你在餐桌上慢慢品味春天的味道；久负盛名的“大理酸辣鱼”，茈碧酸刺木瓜是其酸味的味蕾密码。可药用，茈碧酸刺木瓜还有一定的药用价值。中医认为，它性平味甘酸，有解毒消食、清热解毒、润肠通便、清热解渴等功效，可以用来治疗便秘、胃溃疡、消化不良等疾病。近年来，科学研究也发现酸木瓜具有抗氧化、降血糖、防癌等作用，有望成为开发新型药物的重要资源。

【保护措施】在政府支持下，推进农旅融合，发展木瓜产业。

59

八月瓜

种质名称

八月瓜

采集编号

2022537075

学名

木通*Akebia quinata*（Houtt.）Decne.

来源地

云南省昭通市大关县

提供人信息

李坤明，男

【主要特征特性】八月瓜为药食同源资源。果形似香蕉，果味香甜，为无污染的绿色食品，有“土香蕉”之称。果实长圆形或椭圆形，成熟种皮红褐色或紫红色。

【优异特性】富含糖、维生素C和12种氨基酸，以及人体不能合成的缬氨酸、蛋氨酸、异亮氨酸、苯丙氨酸、赖氨酸等。

【开发与利用情况】果实浆肉甜香浓郁，可食用及酿酒。种子可榨油。根、茎和果均可入药，可利尿、通乳、舒筋活络。植株四季常绿也可作为观赏植物。

【保护措施】经济价值高，农户自愿种植。

60 姑娘果

种质名称

姑娘果

采集编号

P530926065

学名

石楠*Photinia serratifolia*（Desf.）kalknan

来源地

云南省临沧市耿马自治县

提供人信息

杨钢，男

【主要特征特性】属果树，蔷薇科石楠属植物，常绿灌木或小乔木，属当地贺派乡贺派村野生资源，石楠果（姑娘果）为中药材，具有补肾强筋、主治劳伤疲乏的功效，花的气息特殊。同时，植株耐修剪，对烟尘和有毒气体有一定抗性。

【优异性状】优质、抗病、抗虫和耐贫瘠。

【开发与利用情况】果实去皮后可直接食用，味微酸甜。去皮加水、加糖煮食，味道更佳，为南方冷饮市场可期的果品。

【保护措施】保存于国家云南特有果树及砧木种质资源圃（昆明）。

61
蜜心果

种质名称

蜜心果

采集编号

P532523032

学名

尼泊尔水东哥*Saurauia napaulensis* DC.

来源地

云南省红河州屏边县

提供人信息

李坤明，男

【主要特征特性】常绿乔木、树高4～20m；单叶互生、叶柄粗壮、长1.5～4.5cm，叶狭长圆形、长18～35cm、宽7～13cm。圆锥花序、生新枝上部叶腋、长12～38cm、花淡紫色近圆形。浆果扁球形或近球形，径7～12mm，绿色或淡黄色，具明显或不明显的5条棱、成熟富含糖分。

【优异特性】富含糖。可入药。

【开发与利用情况】食用：叶作牲畜饲料，果汁味甜清凉可食。药用：根及果实（鼻涕果）。苦，凉。有毒。散瘀消肿，止血。用于骨折，跌打损伤，创伤出血，疮疖。民族药方【布朗药】鼻涕果：皮用于骨折，跌打损伤，创伤出血；【拉祜药】牛嗓管树，水东果，密心果，撒罗夷：树皮治无名肿毒，大疮，胎儿不下，骨折，跌打损伤，创伤出血，尿淋，枪伤，血尿，慢性骨髓炎。【佤药】牛嗓管树，蜜心果：树皮治骨折，跌打损伤，创伤出血，慢性骨髓炎。具观赏价值可作绿化树种。

【保护措施】老百姓引种到房前屋后，与草果、砂仁种等进行驯化种植，数量不到1000株。

果树

62 元谋老城红皮余甘子

种质名称

元谋老城红皮余甘子

采集编号

2021531884

学名

余甘子*Phyllanthus emblica* L.

来源地

云南省楚雄州元谋县

提供者信息

赵琼玲，女

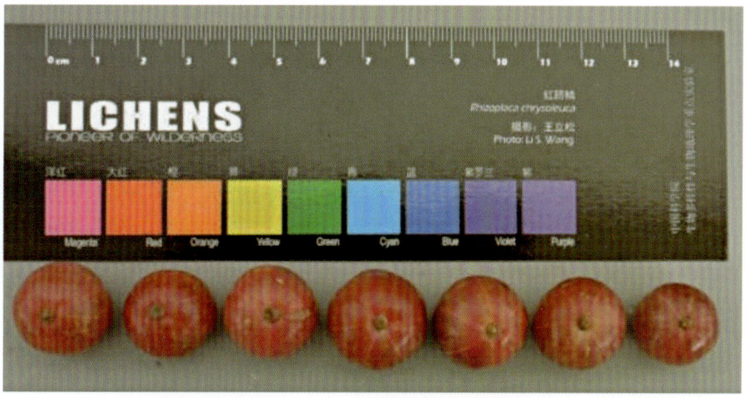

【主要特征特性】果皮肉质光滑，无斑点，具透明感，红色，回甘性好，可溶性固形物占20.1%，果实为晚熟型。

【优异特性】晚熟果，挂果期长，果皮颜色漂亮，余甘子富含多种氨基酸、酚酸类化合物，有着悠久的药用和食用历史。

【开发与利用情况】姜驿乡地处元谋县最北部，与四川会理县相邻，距县城67km，是一个集边远、民族、宗教、贫困于一体的山区乡。最高海拔为2398m，最低海拔为898m，年降雨量为576.4mm，由于特殊的气候条件，野生余甘子资源非常丰富，常见野生余甘子为翠绿色、黄绿色，但红皮余甘子资源极少见，该资源由江边乡甘海子一农户发现，该农户说果实漂亮，叶芽颜色为紫红色，在市场上售卖价格比一般的要高，用作泡余甘子酒味道极佳，有着悠久广泛的药用和食用历史。

【保护措施】农民自愿保护，急需对稀缺资源进行全方位保护。

63

晋宁夕阳余甘子（滇橄榄）

种质名称

晋宁夕阳余甘子（滇橄榄）

采集编号

P530122025

学名

余甘子*Phyllanthus emblica* L.

来源地

云南省昆明市晋宁区

提供者信息

陈明，男

【主要特征特性】晋宁夕阳余甘子（滇橄榄）为余甘子（滇橄榄）的一个野生种，属大戟科叶下珠属。乔木，一般树高3～8m，树皮灰褐色，蒴果呈核果状，圆球形，直径1.3～2.0cm，外果皮肉质，绿白色或淡黄白色，内果皮硬壳质。为野生散生树种，生长在夕阳高梁地村委会海拔1350～1650m、向阳山林的紫色土上，极喜光，耐干热瘠薄环境，萌芽力强，根系发达，可保持水土。

【优异性状】具有高产、抗病、抗旱和耐贫瘠的特点。

【开发与利用情况】余甘子（滇橄榄）果实富含丰富的维生素C，供食用，可生津止渴，润肺化痰，治咳嗽、喉痛、牙龈肿痛，解河豚中毒等。初食味酸涩，后回味甘甜，故名“余甘子”。果实、树根和叶供药用，能解热清毒，治皮炎、湿疹、风湿痛等。树姿优美，可作庭园风景树，亦可栽培为果树。

【保护措施】食药两用，售卖价格比一般的要高，用作泡余甘子酒，味道极佳，有着悠久广泛的药用和食用历史，农民自发种植。

PART 05

五、牧草绿肥

1

茅脚草

种质名称

茅脚草

采集编号

P530425056

学名

牧草*Lygus pratensis* L.

来源地

云南省玉溪市易门县

提供人信息

杨建伟，男

【主要特征特性】属野生牧草，无人工规模种植，可作饲用。一年生粗壮草本，生物学特性：花果期8—10月，生于田野、路旁、荒地、沟边草丛，种子繁殖，繁殖快，植株带粗硬棘手毛。分布范围：易门县全境内都有分布，重点区域以“浦贝—十街—绿汁”一线。

【优异性状】繁殖快、地域适应性强、草产量高。

【开发与利用情况】牛羊比较喜食，当地于每年7—10月收割并粉碎饲喂牛羊。种子容易采集，规模化种植，饲喂牛羊将产生较好的经济效益。

【保护措施】国家儋州热带牧草种质资源圃繁育。

2

草籽

种质名称

草籽

采集编号

P530523005

学名

狗尾草*Setaria viridis* (L.) Beauv.

来源地

云南省保山市龙陵县

提供人信息

杨云志，男

【主要特征特性】该品种属当地栽培的地方牧草品种。根为须状，高大植株具支持根。秆直立或基部膝曲。叶鞘松弛，无毛或疏具柔毛或疣毛；叶舌极短；叶片扁平，长三角状狭披针形或线状披针形。圆锥花序紧密呈圆柱状或基部稍疏离；小穗2~5个簇生于主轴上或更多的小穗着生在短小枝上，椭圆形，先端钝；第二颖几乎与小穗等长，椭圆形；第一外稃与小穗等长，先端钝，其内稃短小狭窄；第二外稃椭圆形，顶端钝，具细点状皱纹，边缘内卷，狭窄；鳞被楔形，顶端微凹；花柱基分离；叶上下表皮脉间均为微波纹或无波纹的、壁较薄的长细胞。颖果灰白色。花果期5—10月。

【优异性状】优质，抗旱，耐寒，耐涝，耐贫瘠。

【开发与利用情况】其种子可以作为宠物饲料，茎秆用于畜牧饲料。

【保护措施】国家儋州热带牧草种质资源圃繁育。

3

草籽草

种质名称

草籽草

采集编号

P530824034

学名

雀麦*Bromus japonicus* Thunb.

来源地

云南省普洱市景谷县

提供人信息

李天葵，男

【主要特征特性】该品种属当地栽培的地方牧草品种。一年生草本。秆直立，高120～140cm，生育期150天。叶鞘闭合，被柔毛；叶舌先端近圆形，长1～2.5mm；叶片长12～30cm，宽4～8mm，两面生柔毛。圆锥花序疏展，长20～30cm，宽5～10cm，具2～8个分枝，向下弯垂；分枝细，长5～10cm，上部着生1～4枚小穗；小穗黄绿色，密生7～11朵小花，长12～20mm，宽约5mm；颖近等长，脊粗糙，边缘膜质，第一颖长5～7mm，具3～5条脉，第二颖长5～7.5mm，具7～9条脉；外稃椭圆形，草质，边缘膜质，长8～10mm，一侧宽约2mm，具9条脉，微粗糙，顶端钝三角形，芒自先端下部伸出，长5～10mm，基部稍扁平，成熟后外弯；内稃长7～8mm，宽约1mm，两脊疏生细纤毛；小穗轴短棒状，长约2mm；花药长1mm。颖果长7～8mm。花果期5—7月。

【优异性状】草籽营养丰富，抗病、抗旱、耐寒、耐贫瘠。

【开发与利用情况】饲用。

【保护措施】国家儋州热带牧草种质资源圃繁育。

4

昙华草籽

种质名称

昙华草籽

采集编号

P532326003

学名

马唐*Digitaria sanguinalis* (L.) Scop.

来源地

云南省楚雄州大姚县

提供人信息

李章祥，男

【主要特征特性】 昙华草籽是以昙华为中心散生于大姚县境内的一种禾本科野生草本植物。秆直立或下部倾斜，膝曲上升，无毛或节生柔毛。叶鞘短于节间，无毛或散生疣基柔毛。叶片线状披针形，基部圆形，边缘较厚，微粗糙，具柔毛或无毛；穗轴直伸或开展，两侧具宽翼，边缘粗糙。

【优异性状】 广适，耐寒。

【开发与利用情况】 据昙华乡子米地村委会咕噜地小组彝族群众李章祥介绍：在20世纪60—70年代的饥荒岁月，有客人来，抓一把丢在沸水中搅拌，煮熟就作为稀饭吃了。食用，饲用。

【保护措施】 国家儋州热带牧草种质资源圃繁育。

5

天蓝苜蓿

种质名称

天蓝苜蓿

采集编号

P530125016

学名

苜蓿*Medicago sativa* L.

来源地

云南省昆明市宜良县

提供人信息

杨昊，男

【主要特征特性】一、二年生或多年生野生草本，高15～60cm，全株被柔毛或有腺毛。主根浅，须根发达。种子卵形，褐色，平滑。花期7—9月，果期8—10月。

【优异性状】优质，抗旱，广适，耐寒，耐涝，耐贫瘠。

【开发与利用情况】饲用。

【保护措施】国家儋州热带牧草种质资源圃繁育。

6

毛苕子

种质名称

毛苕子

采集编号

P530721015

学名

苜蓿*Medicago sativa* L.

来源地

云南省丽江市玉龙县

提供人信息

姚尚忠，男

【主要特征特性】该品种属当地栽培的地方牧草品种。叶片呈现羽状复叶，会在每年的5—6月份开花，且苜蓿的花朵多为黄色。产量高、营养好、抗病、抗虫害能力强，是当地较喜欢的饲用牧草。

【优异性状】高产，优质，抗病，抗虫，耐盐碱，抗旱，耐寒。

【开发与利用情况】饲用。

【保护措施】国家儋州热带牧草种质资源圃繁育。

7

树豌豆（响铃树）

种质名称

树豌豆（响铃树）

采集编号

P530723032

学名

菽麻*Crotalaria juncea* L.

来源地

云南省丽江市华坪县

提供人信息

冯丽华，女

【主要特征特性】多年生野生灌木，茎直立，高达2m左右。植物体密被丝光质短柔毛。茎、树圆形，具小沟纹。叶线状长椭圆形，先端具短尖头。总状花序，顶生或腋生，有花12～20朵，花冠黄色。荚果矩形，有种子10～15粒。

【优异性状】品质优，采割嫩茎叶作堆肥用，是优质肥料；长势旺，适应性强，耐贫瘠，对地块要求不严。

【开发与利用情况】饲用。

【保护措施】国家儋州热带牧草种质资源圃繁育。

8

叫魂草

种质名称

叫魂草

采集编号

P530425072

学名

截叶铁扫帚*Lespedeza cuneata* (Dum.Cours.) G. Don

来源地

云南省玉溪市易门县

提供人信息

李卫华，男

【主要特征特性】野生资源。灌木，高40～100cm。枝有白色“丁”字毛，幼枝有棱，老枝褐色。羽状复叶，小叶7～9枚，矩圆形或倒卵状矩圆形，长5～15mm，宽3～10mm，先端骤尖，基部圆形，全缘，两面有白色“丁”字毛，叶柄、小叶柄有白色“丁”字毛。

【优异性状】优质，抗旱，耐热。

【开发与利用情况】饲用，保健药用，加工原料。

【保护措施】国家儋州热带牧草种质资源圃繁育。

9

柯孟披碱草(鹅观草)

种质名称

柯孟披碱草（鹅观草）

采集编号

P530122043

学名

鹅观草*Elymus kamoji*（Ohwi） S. L. Chen

来源地

云南省昆明市晋宁区

提供人信息

陈明，男

【主要特征特性】多年生野生草本。秆直立或基部倾斜，高30～100cm。叶鞘外侧边缘常具纤毛；叶片扁平，长5～40cm，宽3～13mm。穗状花序长7～20cm，弯曲或下垂；小穗绿色或带紫色，长13～25mm（芒除外），含3～10朵小花；颖卵状披针形至长圆状披针形，先端锐尖至具短芒（芒长2～7mm），边缘为宽膜质，第一颖长4～6mm，第二颖长5～9mm；外稃披针形，具有较宽的膜质边缘，背部以及基盘近于无毛或仅基盘两侧具有极微小的短毛，上部具明显的5条脉，脉上稍粗糙，第一外稃长8～11mm，先端延伸成芒，芒粗糙，劲直或上部稍有曲折，长20～40mm；内稃约与外稃等长，先端钝头，脊显著具翼，翼缘具有细小纤毛。花果期4—7月。多生长在山坡和湿润草地。适应性强，分布区域广，可作牲畜的饲料，叶质柔软而繁盛，产草量大，可食性高。

【优异性状】高产，优质，抗病，广适，耐寒，耐贫瘠。

【开发与利用情况】饲用。

【保护措施】国家儋州热带牧草种质资源圃繁育。

10
臂形草

种质名称

臂形草

采集编号

P530821033

学名

臂形草*Brachiaria eruciformis*(J.E.Smith)Griseb.

来源地

云南省普洱市宁洱县

提供人信息

罗光明，男

【主要特征特性】该品种属当地栽培的地方牧草品种。一年生草本，高30～40cm。秆纤细，基部倾斜，节上生根，多分枝，节带具白柔毛。叶鞘无毛或鞘缘疏生疣毛；叶舌退化呈一圈白色缕毛；叶片线状披针形，扁平，内卷，长1.5～10.5cm，宽3～6mm，边缘齿状粗糙，密生脱落性细毛。圆锥花序由4～5枚总状花序组成，总状花序长5～12cm；穗轴被纤毛，棱边粗糙；小穗卵形，长约2mm，被纤毛，具长约0.2mm的柄。

【优异性状】高产，优质，抗病，抗虫，抗旱，广适。

【开发与利用情况】饲用。

【保护措施】国家儋州热带牧草种质资源圃繁育。

11 巧家皇竹草

种质名称

巧家皇竹草

采集编号

P532123001

学名

皇竹草Pennisetum sinese Roxb

来源地

云南省昭通市巧家县

提供人信息

杜华聪，男

【主要特征特性】该品种属当地栽培的地方牧草品种。多年生，直立丛生禾本科植物，外形似甘蔗。生长拔高有20～30个节，地表上部植株直立丛生，高大粗壮，节间较脆嫩，节实较小。节间长9～18cm，下部的节较长而上部的节相对较短，每节着生一个腋芽并由叶片包裹，茎高为3～4m，株高可达5m以上。

【优异性状】高产，优质，抗病，抗虫，耐盐碱，抗旱，广适，耐寒，耐涝，耐贫瘠。

【开发与利用情况】饲用。

【保护措施】国家儋州热带牧草种质资源圃繁育。

12
龙葵

种质名称

龙葵

采集编号

P530125020

学名

龙葵*Solanum nigrum* L.

来源地

云南省昆明市宜良县

提供人信息

普红平，女

【主要特征特性】一年生野生直立草本植物，高0.25 ~ 1m，茎无棱或棱不明显，绿色或紫色，近无毛或被微柔毛。浆果球形，直径约8mm，熟时黑色。种子多数，近卵形，直径约1.5 ~ 2mm，两侧压扁。

【优异性状】广适，耐涝，耐贫瘠。叶子含有大量生物碱，须经煮熟后方可解毒。全株入药，可散瘀消肿，清热解毒。

【开发与利用情况】食用，饲用，药用。

【保护措施】国家儋州热带牧草种质资源圃繁育。

13
云雾薹草

种质名称

云雾薹草

采集编号

P530125017

学名

云雾薹草*Carex nubigena* D.Don ex Tilloch & Taylor

来源地

云南省昆明市宜良县

提供人信息

普红平，女

【主要特征特性】野生资源。具根状茎。其秆三棱柱形。叶线形。根状茎短。秆丛生，高10 ~ 70cm，三棱形，上部粗糙，下部平滑，基部具棕褐色无叶片的叶鞘，小穗一至多数，穗状、总状或圆锥状，具少数或多数花，单性，雄雌顺序（即上部小穗为雄花，下部小穗为雌花）或雌雄顺序，稀异株。花单性，无花被。雄花具1枚鳞片和3枚雄蕊；雌花位于鳞片内，包在一枚先出叶形成的果囊中。小坚果平凸状、双凸状或三棱形。花柱1枚，柱头2 ~ 3枚。花果期7—8月。

【优异性状】耐涝，耐贫瘠。

【开发与利用情况】饲用。

【保护措施】国家儋州热带牧草种质资源圃繁育。

14

橘草

种质名称

橘草

采集编号

P530122047

学名

橘草*Cymbopogon goeringii* (Steud.) A. Camus

来源地

云南省昆明市晋宁区

提供人信息

陈明，男

【主要特征特性】多年生野生草本。丛生，茎秆直立，高80～150cm，具3～5节，节下被白粉或微毛。叶鞘无毛，下部者聚集秆基，质地较厚，内面棕红色，老后向外反卷，上部者均短于其节间；叶片线形，扁平，长30～60cm，宽3～5mm，顶端长渐尖成丝状，边缘微粗糙，除基部下面被微毛外通常无毛。伪圆锥花序长15～30cm，狭窄，有间隔，具1～2回分枝；佛焰苞长1.5～2cm，宽约2mm（一侧），带紫色；总梗长5～10mm，上部生微毛；总状花序长1.5～2cm，向后反折；总状花序轴节间与小穗柄长2～3.5mm，先端杯形，边缘被长1～2mm的柔毛，毛向上渐长。无柄小穗长圆状披针形，长约5.5mm，中部宽约1.5mm，基盘具长约0.5mm的短毛或近无毛；第一颖背部扁平，下部稍窄，略凹陷，上部具宽翼，翼缘密生锯齿状微粗糙，脊间常具2～4条脉或有时不明显；第二外稃长约3mm，芒从先端2裂齿间伸出，长约12mm，中部膝曲；雄蕊3枚，花药长约2mm；柱头帚刷状，棕褐色，从小穗中部两侧伸出。有柄小穗长4～5.5mm，花序上部的较短，披针形，第一颖背部较圆，具7～9条脉，上部侧脉与翼缘微粗糙，边缘具纤毛。花果期8—11月。多生长于山林，有芳香味，鲜叶可做食材，茎叶可作牧草，是牛、羊喜爱的饲草。

【优异性状】耐高产，抗病，抗虫，广适，耐寒，耐贫瘠，耐热。

【开发与利用情况】食用，饲用，加工原料。

【保护措施】国家儋州热带牧草种质资源圃繁育。

PART 06

六、其他

1

天登烤烟

种质名称

天登烤烟

采集编号

P532929033

学名

烟草*Nicotiana tabacum* L.

来源地

云南省大理州云龙县

提供者信息

杨吉军，男

【主要特征特性】叶片属于条形叶，株高170～180cm，叶长55～70cm，宽35～40cm，从植株自上往下采收，烟叶质量自上往下逐渐降低。吸烟不燥口，烟味较为柔和，该品种最初由四川籍老兵带来，种植历史130～150年，种植用专用肥或鸡粪。烟叶起点点黄斑时开始收割，收回堆焐12h以上，晾干，注意翻动，待干后再堆焐，注意防止烟叶发霉，比较适合用老式方法堆焐。

【优异性状】优质、广适、耐寒和产量高。

【开发与利用情况】烟叶浓香，可做其他烟草的配料。也可用老式堆焐方式焐烟，最主要的是在现代科学育种研究中作为优质抗病香型耐寒品种的资源材料、育种材料。

【保护措施】该品种在当地种植历史较长，农民自发种植。

2

大蒲扇草烟

种质名称

大蒲扇草烟

采集编号

P532929034

学名

烟草*Nicotiana tabacum* L.

来源地

云南省大理州云龙县

提供者信息

胡正堂，男

【主要特征特性】 叶片属于条形叶，株高200～240cm，叶长60～80cm，宽35～50cm，本品种油分重，香味足，烟味柔和不燥口。烟叶成熟起点点黄斑时开始收割，收回堆焐12h以上，晾干，注意翻动，待晾干后再堆焐，注意防止烟叶发霉，比较适合用老式方法堆焐。

【优异性状】 优质，抗病，广适，耐肥和耐寒。

【开发与利用情况】 烟叶油分重，烟丝香浓，烟味足，可做其他烟草的配料。也可用老式堆焐方式焐烟，最主要的是在现代科学育种研究中作为优质抗病香型耐寒品种的资源材料、育种材料。

【保护措施】 该品种烟叶油分重，烟丝香浓，烟味足，农民自发种植。

参考文献

[1] 孙林华.云南农作物种质资源保护现状、问题及对策［J］.种子科技，2016，10：63–64.

[2] 2023年云南省第三次农作物种质资源普查与调查行动报告.

[3] 云南统计年鉴，2022—2023年.

[4] 云南省各州市国民经济和社会发展统计公报，2021—2022年.

[5] 云南省农业农村厅.2023年云茶产业绿色发展公报.

[6] 2021年云南省蔗糖产业发展报告.

[7] 2023年云南省花卉产业数据分析简报.

[8] 吴叔康.云南评选六大名米打造高原特色优质米品牌［J］.云南农业，2014（04）：52.

[9] 丁明亮.云南省小麦产业现状、问题与思考［J］.云南农业科技，2023（5）：6–8，13.

[10] 杨曙辉.云南高原特色鲜食玉米产业绿色持续与高质高效发展［J］.中国种业，2021（12）：31–36.

[11] 陈赟娟.科技创新确保云南省水稻产业发展［J］.农业开发与装备，2024（3）：49–51.

[12] 杨振超.云南立体气候中主要农作物品种资源的分布［J］.云南农业，2005（11）：24–25.

[13] 潘炳献，姚宗文，魏申彩，等.云南省种植业区划［M］.昆明：云南科技出版社，1992.

[14] 云南省182种地理标志产品名录（含地理标志保护产品、地理标志证明商标、农产品地理标志），2017年.